Family decoration design 7000 cases 第 3 季

中国家装好设计

7000.例

李江军 编

U0731574

电视墙

中国电力出版社
CHINA ELECTRIC POWER PRESS

内容提要

本系列共分《客厅》《吊顶》《电视墙》《卧室 餐厅 玄关 过道》4册，在前两季的基础上做了设计优化和案例更新，内容精选香港、台湾与大陆三地人气设计师的7000个最新家居案例，把这些代表当今设计界最高水平的作品按时下流行的风格分门别类，方便读者查找参考。通过使用本书，可以帮助业主和设计师了解不同风格家居的硬装设计细节，同时也能学习到如何利用软装搭配创造出符合美学的空间环境。

图书在版编目（CIP）数据

中国家装好设计7000例. 第3季. 电视墙 / 李江军编. —北京：中国电力出版社，2016.7（2017.12 重印）

ISBN 978-7-5123-9462-9

Ⅰ．①中… Ⅱ．①李… Ⅲ．①住宅－装饰墙－室内装修－建筑设计－中国－图集 Ⅳ．①TU767-64

中国版本图书馆CIP数据核字（2016）第135360号

中国电力出版社出版发行

北京市东城区北京站西街19号　　100005　　http://www.cepp.sgcc.com.cn

责任编辑：曹　巍

责任印制：蔺义舟

北京盛通印刷股份有限公司印刷·各地新华书店经售

2016年7月第1版·2017年12月第4次印刷

889mm×1194mm 1/16·10印张·283千字

定价：49.80元

无论你是设计师还是业主，这本书都能帮你解决装修中十分关键也很令人头疼的问题，那就是如何确定适合自己的设计方案，顺利地进行家装工程，营造一个让自己满意的家居环境。

《中国家装好设计》系列丛书以高质量、超全面的设计参考案例以及实用的装修材料解析的编写方式，使其自首次出版以来就广受读者的好评，多年来销量稳居同类书前列。通过使用本书，装修业主可以准确有效地与室内设计师进行沟通，拿到自己心目中理想的设计方案。对于不请设计师而准备自己装修的业主来说，更是非常好用的参考图册。而对于室内设计师而言，拥有7000个设计案例，等于掌握了一个设计图库，几乎可以从容应对各类业主需求，促进快速签单。

本系列共分《客厅》《吊顶》《电视墙》《卧室 餐厅 玄关 过道》4册，客厅是家庭成员聚集与交流最多的地方，也是接待客人的重要场所，因此是家居装修的重中之重。吊顶是家居装修中很容易被忽略的重要细节，兼具实用性与美观性的双重功能。电视墙可以说是家居中的视觉中心，对整体美观度的影响非常大。卧室、餐厅、玄关、过道等细节的设计关系到居家生活的舒适度，在家居装修中的地位举足轻重。

本系列在前两季的基础上做了设计优化和案例更新，内容精选香港、台湾与大陆三地人气设计师的7000个最新家居案例，把这些代表当今设计界最高水平的作品按时下流行的风格分门别类，方便读者查找参考。希望通过本套书的出版，可以帮助业主和设计师了解不同风格家居的硬装设计细节，同时也能学习到如何利用软装搭配创造出符合美学的空间环境。

本书由资深家居图书作者李江军编写，参与本书编写的还有陈丽红、李威、施景琼、俞莉惠、谢建强、吴细香、吴丽丹、李青莲、周雄伟、贾璋、钟建栋、沈跃萍、林家志、叶建明、王永乐、刘小军、徐剑、郭强、杨思荣、张仁元等，书中不当之处，恳请读者批评指正。

目 录
Contents

乡村风格电视墙

TV wall

▲ 乡村风格电视墙上经常出现拱形壁龛

▲ 铁艺搁板感受浓郁乡村气息

▲ 蓝白色是地中海风格电视墙的经典色彩组合

▲ 碎花图案是田园风格电视墙最明显的特征之一

▲ 壁炉造型可以营造乡村田园的感觉

▲ 文化石铺贴电视墙带来质朴自然的效果

▲ 电视柜采用砖砌的形式

▲ 做旧的小鸟图案挂画适合点缀乡村风格电视墙

▲ 原木色或者套色处理的木质护墙板

电视墙 [文化石 + 木搁板]

电视墙 [木质装饰造型刷白]

拱形电视墙造型

电视背景的拱形造型由石膏板弯曲而成，施工时应注意对阳角进行加固处理，同时在做油漆施工的时候，要对此进行修直处理，增强其线条感。

电视墙 [墙纸 + 壁龛造型]

电视墙 [红砖 + 木搁板 + 彩色乳胶漆]

电视墙 [墙纸 + 壁龛造型]

电视墙 [布艺软包]

电视墙 [杉木板造型刷白]

电视墙 [文化石 + 木质护墙板]

电视墙 [墙纸 + 白色护墙板]

电视墙［文化石＋木搁板］

电视墙［文化石＋白色文化砖］

电视墙［墙纸＋马赛克］

电视墙［木线条密排刷白］

电视墙［大花白大理石］

电视墙［石膏板造型＋青砖勾白缝］

电视墙［墙纸＋雕花银镜］

电视墙［文化石］

电视墙［布艺软包］

电视墙［墙纸］

电视墙［杉木板造型刷白＋彩色乳胶漆］

马赛克铺贴地台

蓝白色马赛克铺贴的地台取代电视柜，不仅显得自然随意、富有个性，而且对于挂壁电视来说，这种简洁美观又容易清理的地台，比电视柜更有特色，也更加实用。

电视墙［墙纸 + 木线条装饰框］

电视墙［木搁板］

电视墙［文化砖勾白缝 + 木搁板］

电视墙［多色仿古砖斜铺］

电视墙［红砖勾白缝］

电视墙［木线条装饰框 + 硅藻泥］

电视墙［石膏板镂空造型］

电视墙［文化石 + 不锈钢线条装饰框］

电视墙［微晶石墙砖］

电视墙［木花格］

电视墙［装饰壁龛 + 木搁板］

电视墙［木质壁炉装饰造型 + 瓷盘装饰挂件］

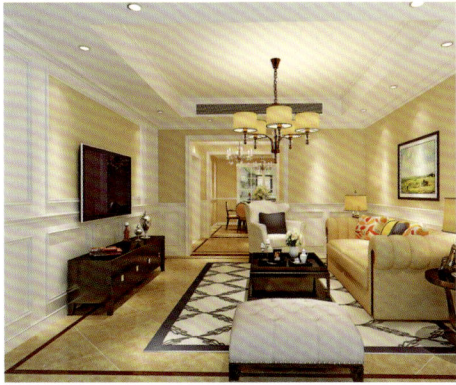

电视墙 [墙纸 + 白色护墙板]

电视墙 [布艺硬包 + 杉木护墙板]

电视墙 [文化砖 + 木搁板]

电视墙 [大理石壁炉造型 + 彩色乳胶漆]

电视墙 [青砖勾白缝 + 木纹墙砖]

电视墙 [布艺软包]

电视墙 [杉木板装饰造型]

电视墙 [马赛克 + 米黄大理石斜铺]

电视墙 [树干装饰造型 + 白色文化砖]

电视墙 [仿古砖斜铺 + 定制收纳柜]

电视墙 [仿石材墙砖斜铺]

利用墙面设计展示柜

设计展示柜要注意实用性，从人体工程学的角度考虑展示柜内部的格局，半开放式的展示柜不仅丰富了空间，让客厅灵活多变，同时还让日常打扫变得简单。

电视墙 [木线条装饰框 + 墙纸]

电视墙 [墙纸 + 装饰壁龛]

电视墙 [墙纸 + 啡网纹大理石罗马柱]

电视墙 [石膏板造型刷彩色乳胶漆]

电视墙 [橡木饰面板 + 木搁板]

电视墙 [质感漆 + 纱幔]

电视墙 [红砖刷白 + 木搁板]

电视墙 [布艺软包 + 白色护墙板]

电视墙 [墙纸 + 白色护墙板]

电视墙［墙纸 + 木搁板］

电视墙［水曲柳饰面板显纹刷白］

电视墙［石膏板装饰造型 + 仿砖纹墙纸］

电视墙［微晶石墙砖 + 水曲柳饰面板显纹刷白］

电视墙［仿古砖夹小花砖斜铺 + 墙纸］

电视墙［墙纸 + 装饰壁龛］

电视墙［白色文化砖］

电视墙［墙纸 + 石膏壁炉造型］

电视墙［木饰面板造型刷蓝色漆 + 文化砖］

电视墙［木地板上墙 + 瓷盘装饰挂件］

电视墙［墙纸＋定制展示柜］

电视墙［彩色乳胶漆］

电视墙［大理石壁炉造型］

电视墙［墙纸＋白色护墙板］

电视墙［真丝手绘墙纸＋大理石壁炉造型］

电视墙［文化石］

电视墙［墙纸＋石膏板造型］

电视墙［墙纸＋装饰壁龛］

电视墙［文化砖＋木搁板］

电视墙［木质壁炉造型］

电视墙［文化石勾白缝＋彩色乳胶漆］

电视墙［硅藻泥］

电视墙［彩色乳胶漆＋木搁板］

电视墙［装饰壁龛＋石膏壁炉造型］

电视墙［杉木板装饰背景＋定制展示柜］

电视墙［布艺硬包］

电视墙［仿马赛克墙砖］

电视墙［文化砖＋木线条造型］

电视墙［布艺软包＋木搁板］

电视墙［文化砖］

电视墙［石膏板造型＋装饰壁龛］

电视墙［仿古砖斜铺＋定制展示柜］

电视墙 [木地板上墙]

电视墙 [木线条打方框 + 木质护墙板]

木饰面板铺贴电视墙

电视墙贴饰面板是很多设计师惯用的设计手法，但要注意饰面板的纹理，最好是竖向铺贴，这样可以让整个块面看起来纵深感十足。铺贴时应考虑留缝的位置，如果遇到隐形门的时候最好跟门上口的缝隙对应起来，这样比较美观。

电视墙 [大花白大理石 + 木搁板]

电视墙 [木质壁炉造型]

电视墙 [装饰壁龛 + 银镜]

电视墙 [木搁板 + 质感漆 + 壁龛造型]

电视墙 [石膏壁炉 + 文化砖]

电视墙 [杉木板装饰背景]

电视墙［米黄大理石斜铺］

电视墙［墙纸＋石膏板造型刷彩色乳胶漆］

电视墙［白色文化砖＋木网格］

电视墙［杉木板装饰背景］

电视墙［仿石材墙砖］

电视墙［文化石＋木搁板］

电视墙［布艺软包］

电视墙［石膏壁炉造型＋陶瓷马赛克］

电视墙［彩色乳胶漆＋悬挂式电视柜］

电视墙［装饰搁架＋墙纸］

电视墙［文化石＋装饰壁龛］

电视墙［文化砖］

电视墙［墙纸＋茶镜］

文化石铺贴电视墙

文化石是乡村风格中常用的电视墙材料，种类也很多，有天然和人造两种。一般常用人造文化石，特点是色彩丰富、价格实惠。文化石的质感比较粗糙，大小不一，因此铺贴起来的缝隙比较大，建议采用白水泥铺贴。

电视墙［墙纸＋木质罗马柱］

电视墙［定制展示柜］

电视墙［洞石＋装饰壁龛］

电视墙［米黄墙砖斜铺＋墙纸］

电视墙［墙纸］

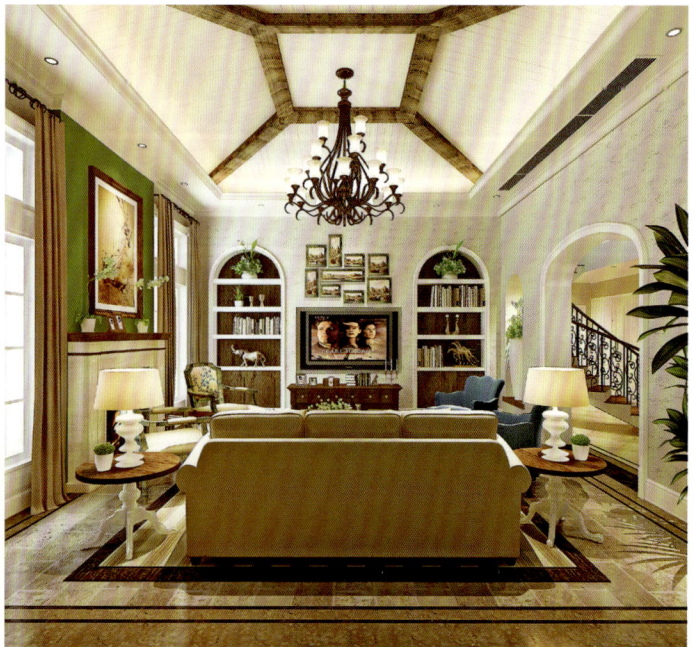

电视墙［照片组合＋入墙式展示柜］

电视墙［照片组合＋质感漆＋入墙式展示架］

电视墙 [文化石 + 木搁板]

电视墙 [文化石]

电视墙 [布艺软包 + 白色护墙板]

电视墙 [布艺软包 + 木搁板 + 银镜]

电视墙 [墙纸 + 彩色乳胶漆]

电视墙 [啡网纹大理石]

电视墙 [文化石勾白缝]

电视墙 [玛瑙绿大理石 + 石膏板造型拓缝]

电视墙 [杉木板装饰背景 + 质感漆]

电视墙 [木纹大理石 + 装饰挂件]

电视墙 [白色文化石 + 大理石罗马柱]

电视墙 [木花格]

电视墙［杉木板装饰背景］

电视墙［文化石］

电视墙上的碎花图案

田园风格的装修一般运用碎花元素作为电视墙面的修饰。碎花的样式建议选择花朵较为细密的，这样更容易达到田园风格的效果。

电视墙［洞石］

电视墙［墙纸＋质感漆］

电视墙［白色文化砖］

电视墙［木质壁炉造型］

电视墙［定制书架］

电视墙［墙纸＋布艺软包］

电视墙［皮质软包＋墙纸］

电视墙［石膏壁炉造型＋木搁板］

电视墙［布艺硬包＋墙纸］

电视墙［墙纸＋铁艺构花件］

电视墙［陶瓷马赛克＋木质壁炉造型］

电视墙［文化石］

电视墙［马赛克墙砖＋木线条造型］

电视墙［文化石＋陶瓷马赛克］

电视墙［石膏板造型＋木搁板］

电视墙［红砖刷白＋木搁板］

电视墙［彩色乳胶漆＋木搁板］

电视墙 [质感漆]

电视墙 [墙纸]

乳胶漆装饰电视墙

电视墙涂刷乳胶漆前有必要了解涂刷面积，以估算需要多少乳胶漆，从而避免不必要的浪费。另外，调配好的乳胶漆尤其是同一种颜色的乳胶漆要一次用完，如果工程进行中出现局部修补，修补处应待墙体干燥后重上底漆，不能直接在漏刷底漆的位置涂刷面漆。

电视墙 [墙纸 + 青砖勾白缝]

电视墙 [铁艺挂件]

电视墙 [木搁板 + 白色文化砖]

电视墙 [玉石大理石 + 定制书柜]

电视墙 [石膏板造型刷彩色乳胶漆]

电视墙 [硅藻泥]

电视墙 [微晶石墙砖 + 木饰面板]

电视墙 [彩色乳胶漆]

电视墙 [橡木饰面板 + 定制书柜]

电视墙 [装饰挂画 + 白色护墙板]

电视墙 [杉木板造型刷白 + 白色护墙板]

电视墙 [墙纸]

电视墙 [装饰壁龛 + 彩色乳胶漆]

电视墙 [木搁板 + 彩色乳胶漆]

电视墙 [木搁板 + 红砖勾灰缝]

电视墙 [白色文化石 + 瓷盘挂件]

电视墙 [木花格 + 装饰布艺]

电视墙 [墙纸 + 墙面柜]

红砖刷白处理

欧式田园的装修风格讲究原始自然、颜色素雅。因此做设计时可以用砖的纹理来体现，同时为了达到色彩上的统一，把砖刷白是较好的修饰方法。

电视墙［银镜］

电视墙［墙纸］

电视墙［质感漆 + 文化石］

电视墙［木饰面拼花］

电视墙［墙纸 + 艺术马赛克］

电视墙［仿洞石墙砖］

电视墙［布艺软包］

电视墙［彩色乳胶漆］

电视墙［红砖勾白缝］

电视墙［彩色乳胶漆 + 木搁板］

电视墙［硅藻泥］

电视墙［石膏板造型刷彩色乳胶漆］

电视墙［墙纸］

电视墙［木饰面板拼花 + 实木罗马柱］

电视墙［白色文化砖］

电视墙［墙纸 + 杉木板造型］

电视墙［木质壁炉造型］

电视墙［木饰面板抽缝］

电视墙［墙纸 + 木网格贴银镜］

电视墙［木地板上墙 + 石膏板造型刷白］

电视墙［文化石］

电视墙［微晶石墙砖 + 木花格贴茶镜］

电视墙［文化石］

電視墙［仿砖纹墙纸］

電視墙［墙纸］

收纳型电视柜

可以针对客厅的形状定制一个落地的收纳电视柜，最大化利用墙面做隐藏收纳。从实用的角度考虑，首先要安排好收纳柜中不同格子的尺寸大小。在美观方面，兼顾客厅家具色调的同时，收纳电视柜最好选用浅色的板材，这样可以减少整个柜面带来的压抑感。

電視墙［陶瓷马赛克 + 石膏壁炉造型］

電視墙［铁艺挂件 + 石膏罗马柱］

電視墙［定制展示柜］

電視墙［木饰面板抽缝］

電視墙［墙纸］

電視墙［墙纸 + 白色护墙板］

电视墙［艺术墙绘］

电视墙［墙纸］

木质护墙板

电视背景设计木质护墙形式的造型，在前期水电施工时，需要在墙面放样，大概计算出电视插座的位置，保证其在某一块板材的中间处，增强视觉的美感，也便于后期护墙的安装到位及开孔。

电视墙［墙纸＋白色护墙板］

电视墙［杉木护墙板＋文化石］

电视墙［墙纸＋定制展示柜］

电视墙［木搁板＋装饰壁龛］

电视墙［米黄大理石＋马赛克线条］

电视墙［白色文化砖］

电视墙［藤编墙纸＋木线条装饰框］

电视墙［皮质软包］

电视墙［墙纸＋玻璃搁板］

电视墙［山水大理石］

电视墙［文化石＋木搁板］

大理石铺贴电视墙

采用大理石作为电视背景，更能提升家居的档次和品质。注意如果是厚度超过 25mm 的石材，最好用不锈钢挂件配合干挂胶进行固定。如果是比较薄的石材，可直接用水泥粘贴。

电视墙［水曲柳饰面板套色 + 彩色乳胶漆］

电视墙［米黄色墙砖斜铺］

电视墙［米白墙砖 + 陶瓷马赛克］

电视墙［木线条密排 + 艺术墙砖斜铺］

电视墙［彩色乳胶漆 + 石膏板造型］

电视墙［文化石 + 木搁板］

电视墙［木纹砖 + 啡网纹大理石线条收口］

电视墙［墙纸 + 木搁板 + 青砖勾白缝］

电视墙［大花白大理石 + 木线条装饰框］

电视墙［青砖勾白缝 + 米黄墙砖斜铺］

电视墙［石膏板造型 + 木搁板 + 彩色乳胶漆］

电视墙［米黄墙砖 + 文化石］

电视墙［白色文化砖］

电视墙［木制壁炉装饰造型］

电视墙［石膏板造型 + 质感漆］

电视墙［陶瓷马赛克 + 墙纸］

电视墙［文化石 + 木搁板］

电视墙［布艺软包 + 装饰搁架］

电视墙［陶瓷马赛克 + 木搁板］

电视墙［杉木板装饰背景刷白 + 木搁板］

电视墙［墙纸 + 石膏罗马柱］

电视墙［大理石壁炉造型］

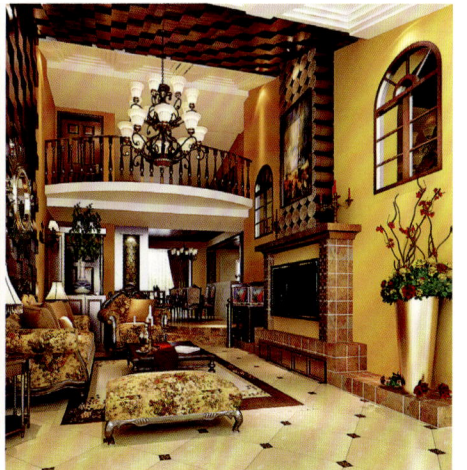

电视墙［彩色乳胶漆 + 原木装饰造型］

中式风格电视墙
TV wall

▲中式电视墙采用对称设计显得比较正式

▲中式挂落具有很强的装饰作用

▲圆形蕴含天圆地方的传统寓意

▲具有传统特征的白色案几体现出新中式韵味

▲书法墙纸是传统中式的符号之一

▲镂空木花格具有移步换景的作用

▲回纹图案是典型的中式纹样之一

▲古典中式风格的电视墙色彩一般以深色系居多

▲祥云与仙鹤图案是中式传统文化中的主要元素

电视墙［木花格 + 灰镜］

电视墙［墙纸 + 装饰壁龛］

电视墙［木饰面板 + 木花格］

电视墙［仿石材墙砖 + 木花格贴茶镜］

电视墙［墙纸 + 木花格］

电视墙［大理石拉槽 + 木花格］

电视墙［米黄大理石 + 木花格贴茶镜］

电视墙［大花白大理石］

电视墙［木花格］

电视墙［木纹大理石］

电视墙与隐形门连成一体

将电视墙与隐形门设计成一体，在很多家庭都已经得到运用。设计隐形门的时候，首先要考虑门扇与墙面的整体性，因此一般都不做门套，但门扇与电视背景的材质要统一。其次要满足使用的功能性，不宜将隐形门设置得过宽或者过窄，宽度要满足一些大型家具的进驻。

电视墙［斑马木饰面板］

电视墙［艺术墙纸］

电视墙［布艺软包＋墙纸］

电视墙［木花格＋微晶石墙砖］

电视墙［真丝手绘墙纸＋木线条收口］

电视墙［艺术墙纸＋青砖勾白缝］

电视墙［木纹大理石＋灰镜］

电视墙［墙纸＋木花格］

电视墙［艺术墙砖＋木花格］

电视墙［定制展示柜］

电视墙［布艺软包］

电视墙［木花格］

电视墙［墙纸＋木线条装饰框］

电视墙［砂岩浮雕＋木花格］

电视墙［墙纸＋木花格贴银镜］

电视墙［米黄大理石＋不锈钢线条］

电视墙［墙纸＋杉木板装饰背景］

电视墙［艺术墙砖＋木花格贴茶镜］

电视墙［米黄大理石＋木花格贴茶镜］

电视墙［墙纸＋茶镜雕花］

电视墙［布艺软包］

电视墙［艺术墙纸＋木线条收口］

电视墙［米黄大理石 + 陶瓷马赛克 + 木花格］　电视墙［大花白大理石 + 木花格］　电视墙［墙贴 + 木花格贴银镜］

电视墙［墙纸 + 不锈钢线条］　电视墙［墙纸 + 木花格］　电视墙［板岩 + 木花格］

电视墙［米黄大理石 + 木花格贴茶镜］　电视墙［大花白大理石］

电视墙［洞石 + 灰镜］　电视墙［青砖勾白缝 + 定制展示架］　电视墙［布艺软包］

电视墙［大花白大理石 + 木花格贴茶镜］

电视墙［艺术墙纸 + 布艺软包］

电视墙［木纹大理石］

电视墙［大花白大理石 + 木制护墙板］

电视墙［木线条装饰框 + 墙纸］

电视墙［墙纸 + 黑镜］

电视墙［大花白大理石 + 马赛克］

电视墙［布艺软包 + 大花白大理石］

电视墙［艺术墙纸 + 木线条收口］

电视墙［米黄大理石 + 大理石拉槽］

电视墙［彩色乳胶漆＋中式木雕挂件］

电视墙［墙纸＋石膏板雕刻书法］

木饰面板的装饰效果

木饰面板的运用既能让空间中注入自然舒适的气息，又能体现出内敛含蓄的气质。其本身除具有多种木纹理和颜色选择之外，还有亚光、半亚光和高光之分，大面积铺设后，效果十分震撼。

电视墙［木花格］

电视墙［艺术墙砖＋密度板雕花刷白贴银镜］

电视墙［木纹墙砖］

电视墙［布艺软包］

电视墙［书法墙纸＋木花格］

电视墙［木纹大理石＋木格栅］

电视墙［木花格］

电视墙［玉石大理石＋回纹图案大理石线条］

电视墙［真丝手绘墙纸］

电视墙［米黄大理石］

电视墙［墙纸＋木线条装饰框］

电视墙［米黄大理石＋木花格贴银镜］

电视墙［仿洞石墙砖＋木花格贴灰镜］

电视墙［真丝手绘墙纸＋木花格］

电视墙［艺术墙纸＋木花格］

电视墙［木纹大理石＋木格栅］

电视墙［斑马木饰面板］

电视墙［大花白大理石＋墙纸］

电视墙［木纹墙砖 + 黑胡桃木饰面板］

电视墙［米黄大理石斜铺 + 木花格］

电视墙［仿古砖 + 木线条密排］

电视墙［艺术墙纸 + 木花格］

电视墙［木纹大理石 + 木花格］

电视墙［玉石大理石 + 银镜］

电视墙［艺术墙纸 + 啡网纹人理石线条装饰框］

电视墙［仿石材墙砖 + 木线条装饰框］

电视墙［艺术墙纸 + 木线条收口］

电视墙［洞石 + 木花格］

电视墙［仿石材墙砖＋布艺软包］

电视墙［木花格贴透光云石］

电视墙［布艺软包＋墙纸］

电视墙［马赛克拼花］

电视墙［仿石材墙砖］

电视墙［布艺软包＋木花格］

电视墙［墙纸＋回纹木雕贴灰镜］

电视墙［装饰壁龛＋银镜］

电视墙［木饰面板拼花＋不锈钢线条］

电视墙［墙纸＋不锈钢线条收口］

电视墙［微晶石墙砖］

电视墙［真丝手绘墙纸＋茶镜］

电视墙［墙纸＋不锈钢线条］

电视墙［啡网纹大理石＋木格栅］

电视墙［中式镂空木雕屏风］

电视墙［墙纸］

电视墙［皮质硬包］

电视墙［彩绘玻璃＋木饰面板］

电视墙［金线米黄大理石＋定制收纳柜］

电视墙 [木花格 + 钢化玻璃]

电视墙 [大花白大理石 + 大理石展示架]

电视墙 [大花白大理石 + 回纹线条木雕]

电视墙 [墙纸 + 木花格]

电视墙 [大花白大理石 + 彩绘玻璃]

电视墙 [米黄大理石 + 木花格]

电视墙 [烤漆玻璃 + 玻璃搁板]

电视墙 [木花格 + 墙纸]

电视墙 [仿石材墙砖 + 回纹线条木雕]

电视墙 [洞石 + 木饰面板拼花]

电视墙 [定制展示柜]

电视墙设计壁龛

壁龛造型不占用建筑面积，使墙面具有很好的形态表现，同时又具有一定的展示功能。结合灯光照明可以使壁龛造型更加突出，从而达到视觉焦点的目的。但壁龛的设计特别要注意墙身结构的安全问题。

电视墙［木格栅］

电视墙［装饰方柱 + 回纹造型搁架］

电视墙［真丝手绘墙纸］

电视墙［大花白大理石 + 茶镜］

电视墙［墙纸 + 木花格贴银镜］

电视墙［杉木板装饰背景］

电视墙［米黄大理石 + 木花格］

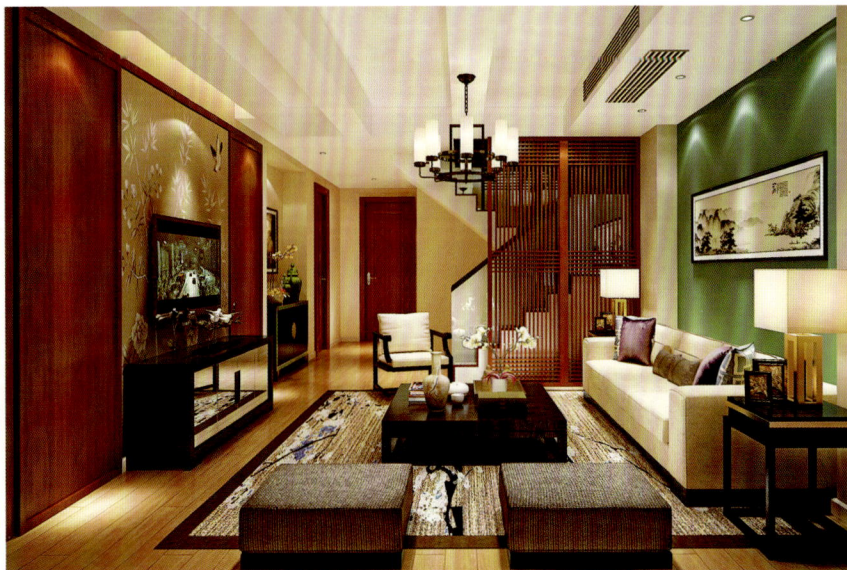

电视墙［微晶石墙砖拼花］

电视墙［真丝手绘墙纸 + 黑胡桃木饰面板］

电视墙［微晶石墙砖］

电视墙［大花白大理石］

电视墙［墙纸＋定制展示柜］

电视墙［米黄大理石＋实木雕花］

电视墙［艺术墙纸＋木花格贴灰镜］

电视墙［微晶石墙砖］

电视墙［布艺软包＋木花格贴茶镜］

电视墙［布艺软包＋砂岩浮雕］

电视墙［木花格贴银镜＋大花白大理石］

电视墙［米黄大理石＋木花格］

电视墙［大花白大理石＋实木雕花］

电视墙［硅藻泥＋木质护墙板］

电视墙［仿砖纹墙纸＋木花格］

电视墙［布艺软包］

电视墙［木线条造型＋装饰方柱］

电视墙［墙纸＋木花格］

电视墙［木花格］

电视墙［陶瓷马赛克＋定制展示架］

电视墙［大花白大理石＋木花格］

电视墙［微晶石墙砖＋银镜＋木花格］

电视墙［砂岩浮雕＋灰镜］

电视墙［砂岩浮雕＋木花格贴茶镜］

电视墙［洞石＋灰镜］

电视墙［墙纸＋木花格贴茶镜］

电视墙［木网格］

电视墙［米黄大理石＋木花格贴银镜］

电视墙［米黄色墙砖＋书法墙纸］

电视墙［啡网纹大理石＋黑胡桃木饰面板］

电视墙［布艺软包＋柚木木饰面板］

电视墙［艺术墙纸］

电视墙［布艺软包＋银镜］

电视墙 [灰色乳胶漆 + 木花格]

电视墙 [墙纸 + 白色护墙板]

电视墙 [墙纸]

电视墙 [墙纸 + 木花格]

电视墙 [水曲柳饰面板套色]

电视墙 [布艺硬包 + 木格栅]

电视墙 [墙纸 + 定制展示架]

电视墙 [定制展示架]

电视墙 [橡木饰面板]

电视墙 [布艺软包]

电视墙［墙纸＋木花格］

电视墙［布艺软包＋木格栅］

电视墙［墙纸＋回纹线条木雕］

电视墙［艺术墙纸＋大理石回纹线条］

电视墙［木花格］

电视墙［木纹大理石矮墙］

电视墙［米黄大理石斜铺＋中式木花格］

电视墙［枫木饰面板＋不锈钢线条］

电视墙［米黄大理石＋装饰方柱间贴茶镜］

电视墙［墙纸＋木花格］

电视墙装饰木花格

中式风格的装修会用到很多花格做装饰，材质上有密度板电脑雕刻的，也有实木板手工雕刻的。实木的造价会相对高一些，密度板价格实惠，也有很多花型可以选择，但是相对实木来说立体感没那么强。

电视墙 [装饰方柱 + 木饰面板]

电视墙 [墙纸 + 木花格贴茶镜]

电视墙 [艺术墙砖 + 木花格贴茶镜]

电视墙 [墙纸 + 艺术玻璃]

电视墙 [灰色乳胶漆勾黑缝]

电视墙 [彩绘玻璃 + 银镜雕花]

电视墙 [钢化玻璃]

电视墙 [仿石材墙砖 + 茶镜]

电视墙 [艺术墙砖]

电视墙 [布艺硬包 + 木花格贴灰镜]

电视墙 [艺术墙绘]

电视墙 [米黄大理石 + 茶镜]

电视墙 [布艺软包]

电视墙 [艺术墙纸 + 木线条收口]

电视墙 [米黄大理石 + 木花格贴银镜]

电视墙 [生态木 + 木纹大理石]

电视墙 [木花格]

电视墙 [黑胡桃木饰面板 + 实木雕花]

电视墙 [木质装饰造型]

电视墙 [木饰面板 + 银镜]

电视墙 [石膏板造型刷白]

电视墙 [艺术墙纸 + 木线条装饰框]

电视墙［文化石 + 木格栅］

电视墙［米黄色墙砖 + 木花格贴茶镜］

电视墙［艺术墙纸 + 木线条收口］

电视墙［洞石 + 水曲柳饰面板套色］

电视墙［柚木饰面板 + 茶镜］

电视墙［书法墙纸 + 木花格］

电视墙［艺术墙纸 + 木花格贴茶镜］

电视墙［仿石材墙砖 + 木花格贴灰镜］

电视墙［墙纸 + 木花格］

电视墙［木线条密排 + 陶瓷马赛克］

电视墙［木纹大理石 + 黑白根大理石装饰框］

电视墙［黑白根大理石 + 不锈钢线条造型］

电视墙［木花格］

电视墙［青砖勾白缝 + 木线条打方框］

电视墙［墙纸 + 木线条收口刷银漆］

电视墙［墙纸 + 定制展示柜］

电视墙［玉石大理石 + 木线条装饰框］

电视墙［仿石材墙砖 + 木线条收口］

电视墙［布艺软包 + 木花格贴银镜］

电视墙［仿石材墙砖 + 墙纸］

电视墙［布艺软包 + 装饰方柱］

电视墙［洞石凹凸铺贴 + 质感漆］

电视墙［米黄色墙砖 + 木花格贴茶镜］

电视墙［米黄大理石 + 木花格贴灰镜］

电视墙［艺术墙纸 + 装饰壁龛］

电视墙［装饰方柱 + 银镜雕花］

电视墙［大化白大理石 + 木花格］

电视墙［艺术墙砖 + 木花格］

电视墙［大理石拼花］

电视墙［仿石材墙砖 + 装饰壁龛］

电视墙［雕花茶镜 + 大理石线条收口］

电视墙［米黄色墙砖 + 木格栅］

电视墙［书法墙纸 + 木花格］

电视墙［木纹大理石壁炉造型 + 布艺软包］

电视墙［质感漆 + 木花格］

电视墙［布艺软包 + 木花格］

电视墙［仿石材墙砖 + 木格栅］

电视墙［木格栅 + 大花白大理石］

电视墙［微晶石墙砖 + 茶镜］

电视墙［真丝手绘墙纸 + 木花格贴茶镜］

电视墙［石膏板造型 + 墙面柜］

完全对称的电视背景

中式风格家居本身就很讲究对称的美感，在电视墙的设计上如果以电视机、沙发中心为轴，在造型装饰上做到左右对称，整体会显得十分大气。但要注意软装的饰品摆件不用完全对称，可以高低错落，增加层次感。

电视墙［布艺软包＋回纹线条木雕刷金漆］

电视墙［艺术玻璃］

电视墙［柚木饰面板＋仿石材墙砖］

电视墙［艺术墙砖＋中式挂落］

电视墙［米黄墙砖＋皮质软包］

电视墙［皮质硬包＋灰镜］

电视墙［微晶石墙砖＋啡网纹大理石线条收口］

电视墙［大花白大理石＋荷叶装饰挂件］

电视墙［砂岩浮雕＋木花格贴银镜］

电视墙 [米黄墙砖 + 布艺软包]　　　　电视墙 [米黄大理石 + 金属马赛克]　　　　电视墙 [啡网纹大理石 + 木花格]

电视墙 [布艺硬包]　　　　　　　　　　电视墙 [墙纸 + 木花格贴银镜]

电视墙 [山水大理石 + 樱桃木饰面板]　　电视墙 [水曲柳饰面板显纹刷白]　　　　电视墙 [石膏板造型刷白]

电视墙 [密度板雕花刷白]　　　　　　　电视墙 [墙纸 + 木花格贴银镜]　　　　　电视墙 [质感漆 + 木格栅]

电视墙 [山水大理石 + 大理石雕刻回纹线条]　　电视墙 [微晶石墙砖 + 银镜]　　　　电视墙 [墙纸 + 不锈钢线条 + 木纹大理石]

欧式风格电视墙
TV wall

▲ 欧式电视墙一般采用 2~3 种以上的装修材料

▲ 古典欧式电视墙经常运用雕花的处理

▲ 传统欧式风格电视墙常用对称的设计手法

▲ 常用大理石线条作为电视背景的收口材料

▲ 欧式电视墙上安装的壁灯更多的是体现装饰功能

▲ 欧式风格电视墙常用壁炉作为主角

▲ 常用米白或米黄系列大理石进行装饰

▲ 皮质软包可以更好地衬托出新古典风格的华丽感

▲ 挑高的欧式客厅墙应避免头重脚轻的设计

电视墙［墙纸 + 木线条收口］

电视墙［木质壁炉造型 + 质感漆］

电视墙［布艺软包 + 墙纸］

电视墙［布艺软包 + 啡网纹线条收口］

电视墙［米黄色墙砖拼花 + 雕花银镜］

电视墙［米黄大理石 + 大理石雕花］

电视墙［布艺软包 + 大理石护墙板］

电视墙［啡网纹大理石装饰凹凸造型］

电视墙［布艺软包 + 不锈钢线条］

电视墙［艺术墙砖 + 大理石装饰框］

挑高的电视墙设计

挑高空间的电视墙在整个设计中会比较重要，但是也不宜过于复杂，应结合整体风格做造型。建议墙面的下半部分做得丰富一些，上半部分过渡到简洁，这样会显得比较大气，而且不会有头重脚轻的感觉。

电视墙［马赛克拼花 + 银镜倒角］

电视墙［砂岩浮雕］

电视墙［银镜斜铺 + 大理石壁炉造型］

电视墙［米黄大理石斜铺 + 墙纸］

电视墙［墙纸 + 皮质软包］

电视墙［雨林棕大理石 + 银镜倒角］

电视墙［米白墙砖倒角 + 定制收纳柜］

电视墙［墙纸 + 皮质软包］

电视墙［皮质软包 + 黑镜雕花］

电视墙［洞石壁炉造型 + 木饰面板］

电视墙 [墙纸 + 大花白大理石收口]

电视墙 [墙纸 + 密度板雕花贴茶镜]

电视墙 [米黄大理石 + 白色护墙板]

电视墙 [木纹大理石 + 银镜]

电视墙 [米黄大理石斜铺 + 银镜]

电视墙 [木饰面板 + 烤漆玻璃]

电视墙 [布艺软包 + 密度板雕花贴银镜]

电视墙 [密度板造型贴金箔 + 茶镜]

电视墙 [米黄墙砖夹深色小砖斜铺]

电视墙 [微晶石墙砖 + 木饰面板]

电视墙 [洞石 + 马赛克 + 波浪板]

电视墙 [皮质软包 + 银镜雕花]

电视墙 [皮质软包 + 银镜倒角]

电视墙 [墙纸 + 米黄大理石]

电视墙 [大花白大理石 + 皮质硬包]

电视墙 [墙纸 + 透光云石]

电视墙 [墙纸 + 石膏板造型]

电视墙 [石膏板造型刷白 + 银镜]

电视墙 [艺术墙纸]

电视墙 [米黄色墙砖 + 银镜]

电视墙 [木花格]

电视墙 [马赛克拼花]

电视墙 [啡网纹大理石 + 银镜]

电视墙［墙纸 + 马赛克线条］

电视墙［皮质软包 + 茶镜雕花］

电视墙［米黄大理石 + 茶镜雕花］

电视墙［墙纸 + 石膏板造型］

电视墙［木纹砖 + 墙纸］

电视墙［米黄大理石斜铺 + 银镜倒角］

电视墙［米黄大理石 + 大理石罗马柱］

电视墙［大理石壁炉造型 + 烤漆雕花玻璃］

电视墙［米黄墙砖斜铺 + 墙纸］

电视墙［布艺软包 + 白色护墙板］

电视墙 [啡网纹大理石 + 大理石罗马柱]

电视墙 [石膏板造型刷白]

微晶石瓷砖铺贴电视墙

挑高的电视背景墙铺贴微晶石瓷砖可以提高整个空间的档次和品位。微晶石表面做了晶化处理，具有较高的反光度，适当运用可提高空间采光度。同时晶化处理后的材质表面更加便于清理和维护。

电视墙 [布艺软包 + 柚木饰面板]

电视墙 [布艺硬包 + 白色护墙板]

电视墙 [墙纸 + 银镜倒角斜铺]

电视墙 [艺术墙砖 + 大花白大理石装饰框]

电视墙 [墙纸 + 灰镜]

电视墙 [印花玻璃 + 大花白大理石]

电视墙 ［ 皮质软包 + 银镜倒角 ］

电视墙 ［ 米黄大理石 + 仿马赛克墙砖 ］

电视墙 ［ 大花白大理石 + 银镜雕花 ］

电视墙 ［ 墙纸 + 马赛克 ］

电视墙 ［ 米黄大理石 + 茶镜 ］

电视墙 ［ 布艺软包 ］

电视墙 ［ 大花白大理石 + 白色护墙板 ］

电视墙 ［ 大理石拼花 ］

电视墙 ［ 布艺软包 + 波浪板 ］

电视墙 ［ 微晶石墙砖 + 布艺软包 ］

电视墙 [墙纸 + 马赛克]

电视墙 [墙纸 + 白色护墙板]

马赛克铺贴电视墙

电视背景的局部选择马赛克来作为其表面材质。铺贴马赛克有两种方式，一个是胶粘，具有操作便利的优点。还有一个就是水泥铺贴,最大的优点就是安装较为牢固,但需要注意选择适当颜色的水泥。

电视墙 [布艺软包]

电视墙 [仿石材墙砖]

电视墙 [米白大理石斜铺 + 米黄大理石]

电视墙 [木纹墙砖斜铺 + 金属马赛克]

电视墙 [仿石材墙砖 + 铁艺构花件贴银镜]

电视墙 [皮质软包]

电视墙 [实木罗马柱 + 木饰面板]

电视墙 [布艺软包 + 银镜]

电视墙 [米黄大理石 + 马赛克]

电视墙 [啡网纹大理石凹凸铺贴]

电视墙 [仿石材墙砖 + 黑镜]

电视墙 [密度板雕花刷金漆]

电视墙 [大花白大理石 + 灰镜雕花]

电视墙 [皮质软包 + 白色护墙板]

电视墙 [黑白根大理石]

电视墙 [大理石壁炉装饰造型 + 布艺软包]

电视墙 [米黄墙砖 + 装饰壁龛]

电视墙 [布艺软包 + 马赛克]

对称设计的欧式电视墙

欧式风格讲究形式的对称，设计电视背景墙面时，不能脱离这个要点。同时，为了做出层次感，背景墙的各个部分可不在同一平面，即进行有规律的凹和凸。

电视墙 [仿石材墙砖斜铺 + 波浪板]

电视墙 [艺术墙砖 + 密度板雕花刷金漆贴茶镜]

电视墙 [墙纸 + 灰镜]

电视墙 [皮质软包 + 墙纸]

电视墙 [墙纸 + 树脂雕花件]

电视墙 [布艺软包 + 白色护墙板]

电视墙［米黄大理石＋墙纸］

电视墙［银镜倒角＋皮质软包］

电视墙［实木板雕花＋不锈钢线条］

电视墙［仿石材墙砖＋镜面马赛克］

电视墙［米黄大理石斜铺］

电视墙［布艺硬包＋密度板雕花刷银箔漆］

电视墙［米白墙砖倒角＋不锈钢线条装饰框］

电视墙［木纹大理石＋啡网纹大理石装饰框］

电视墙［皮质软包＋墙纸］

电视墙［彩色乳胶漆＋木线条装饰框］

电视墙［仿石材墙砖 + 大理石展示架］

电视墙［仿石材墙砖斜铺 + 大理石罗马柱］

电视墙［质感漆 + 装饰挂件］

电视墙［墙纸 + 银镜雕花］

电视墙［皮质软包］

电视墙［布艺软包 + 木搁板］

电视墙［墙纸 + 马赛克］

电视墙［墙纸 + 洞石凹凸铺贴］

电视墙［大理石壁炉造型 + 墙纸］

电视墙［布艺软包 + 大理石护墙板］

电视墙［啡网纹大理石斜铺 + 大理石罗马柱］

电视墙 [木地板上墙]

电视墙 [米黄大理石 + 大理石雕花]

电视墙 [艺术墙砖 + 马赛克]

电视墙 [马赛克拼花]

电视墙 [米黄大理石 + 银镜]

电视墙 [墙纸 + 密度板雕花刷白贴银镜]

电视墙 [大理石拉槽 + 柚木饰面板]

电视墙 [米黄大理石 + 银镜倒角斜铺]

电视墙 [米白色墙砖 + 灰镜]

电视墙 [仿石材墙砖 + 灰镜倒角斜铺]

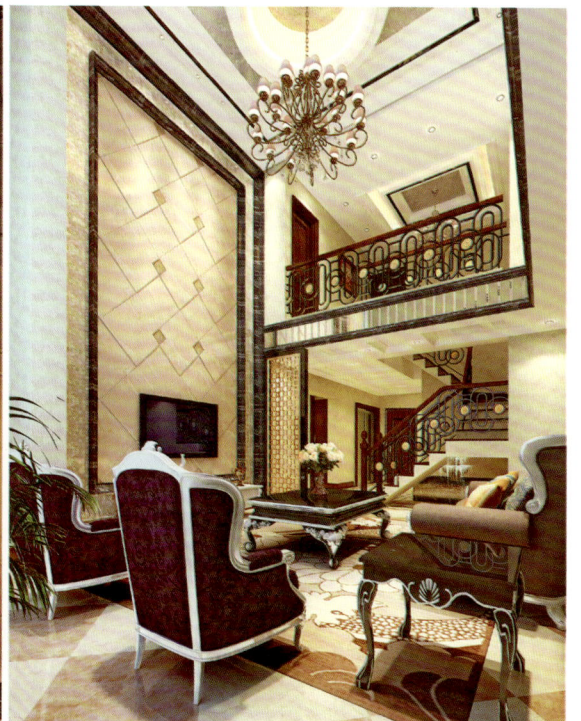

电视墙 [米黄大理石凹凸铺贴 + 贝壳马赛克]

电视墙［墙纸 + 树脂雕花件］

电视墙［微晶石墙砖 + 米黄墙砖］

电视墙装饰软包

制作电视墙软包的颜色和造型相当多变，可以是跳跃的亮色，也可以是中性沉稳色，可以是方块铺设，也可是菱形铺设。这里需要提醒的是，软包的边角要注意收口，收口的材料可根据不同的风格来选择，如石材、挂镜线或木线条等。

电视墙［米黄大理石 + 木饰面板拼花］

电视墙［大花白大理石］

电视墙［墙纸 + 石膏罗马柱］

电视墙［布艺软包］

电视墙［皮质软包 + 雕花茶镜］

电视墙［微晶石墙砖 + 大理石罗马柱］

电视墙［木质壁炉造型 + 彩色乳胶漆］

电视墙 [米黄大理石 + 银镜倒角斜铺]

电视墙 [白色护墙板 + 木线条装饰框]

电视墙 [布艺硬包 + 白色护墙板]

电视墙 [布艺硬包 + 铁艺构花件]

电视墙 [啡网纹大理石 + 木质护墙板]

电视墙 [米黄大理石 + 墨绿色护墙板]

电视墙 [银镜倒角 + 皮质软包]

电视墙 [米白色墙砖斜铺 + 金色镜面玻璃]

电视墙 [墙纸 + 定制展示柜]

电视墙 [布艺硬包 + 大理石罗马柱]

电视墙 [大理石壁炉造型 + 定制展示柜]

电视墙［皮质软包］

电视墙［墙纸＋装饰壁龛］

电视墙［布艺软包］

电视墙［墙纸＋茶镜］

电视墙［米黄大理石＋艺术墙砖］

电视墙［仿洞石墙砖＋大理石搁板］

电视墙［米黄大理石斜铺＋定制展示架］

电视墙［墙纸＋白色护墙板］

电视墙［布艺软包＋银镜倒角］

电视墙［仿洞石墙砖＋墙纸］

电视墙［布艺软包＋啡网纹大理石线条收口］

电视墙［墙纸＋白色护墙板］

电视墙［米黄色墙砖＋黑镜］

电视墙［墙纸＋大理石展示架］

电视墙［皮质硬包＋马赛克拼花］

电视墙［啡网纹大理石］

电视墙［密度板雕花刷白贴银镜］

电视墙［米黄大理石＋烤漆雕花玻璃］

电视墙［墙纸＋白色护墙板］

电视墙［米黄大理石］

电视墙［微晶石墙砖＋木质罗马柱］

電視墙[马赛克拼花 + 墙纸]

電視墙[密度板雕花刷白 + 啡网纹大理石]

电视墙装饰镜面

奢华的元素从来不缺镜面装饰，但是如果镜面的面积过大，在施工过程中不宜直接贴在原墙上，因为原墙的面层无法承受镜面的重量，粘贴不牢固，可以先在墙面打一层九厘板，再把镜面贴在上面。

電視墙[啡网纹大理石 + 波浪板]

電視墙[米黄墙砖 + 斑马木饰面板]

電視墙[墙纸 + 白色护墙板]

電視墙[墙纸 + 啡网纹大理石]

電視墙[雨林棕大理石 + 米黄大理石]

電視墙[大花白大理石 + 彩色乳胶漆]

電視墙[墙纸 + 银镜雕花]

电视墙［文化石 + 木网格］

电视墙［大花白大理石 + 银镜拼菱形］

电视墙［仿石材墙砖 + 大理石罗马柱］

电视墙［米黄大理石斜铺 + 银镜］

电视墙［微晶石墙砖 + 银镜磨花］

电视墙［布艺软包 + 银镜雕花］

电视墙［布艺软包 + 银镜倒角］

电视墙［大花白大理石 + 茶镜 + 银镜倒角］

电视墙［墙纸 + 白色护墙板］

电视墙［白色护墙板］

电视机采用悬挂的方式

设计电视背景墙时，注意考虑电视机的摆放方式，若选择悬挂在墙上，要注意壁炉造型不能与电视相互影响，一般电视机挂墙的高度在 1100mm 为宜。

电视墙［皮质硬包］

电视墙［布艺软包＋定制展示柜］

电视墙［金色波浪板］

电视墙［木纹大理石＋木花格贴茶镜］

电视墙［皮质硬包＋装饰挂镜］

电视墙［木纹大理石＋布艺软包］

电视墙［微晶石墙砖＋大理石护墙板］

电视墙［墙纸＋仿马赛克墙砖］

电视墙［大花白大理石＋雕花银镜］

电视墙［米黄墙砖凹凸铺贴 + 密度板雕花刷白］　电视墙［黑檀饰面板 + 米黄大理石］　电视墙［大理石壁炉造型 + 皮质软包］

电视墙［墙纸 + 定制展示架］　电视墙［布艺软包 + 大理石罗马柱］　电视墙［墙纸 + 大理石装饰套］

电视墙［米黄大理石斜铺 + 木质护墙板］　电视墙［洞石 + 黑镜］　电视墙［皮质软包 + 白色护墙板］

电视墙［大理石壁炉造型 + 大理石罗马柱］　电视墙［啡网纹大理石 + 米黄大理石斜铺］

电视墙［木纹大理石 + 金色镜面玻璃］　电视墙［大理石造型矮墙］

电视墙与书柜结合

将电视背景与书柜结合做整体设计是一个不错的选择，既节省空间，又给客厅增加一些文化气息。电视背景书柜制作时一般不会做得太深，深度在22~32cm比较适中。层板的长度宜控制在80cm以内，如果做得太长的话，书放多了会造成变形。

电视墙 [米黄大理石斜铺 + 大理石罗马柱]

电视墙 [布艺软包]

电视墙 [布艺软包 + 树脂雕花件]

电视墙 [大花白大理石 + 银镜]

电视墙 [微晶石墙砖 + 黑镜]

电视墙 [布艺软包 + 木线条收口刷银漆]

电视墙 [墙纸 + 木线条装饰框]

电视墙 [墙纸 + 波浪板]

电视墙［布艺软包］

电视墙［墙纸 + 白色护墙板］

电视墙［大花白大理石 + 黑镜］

电视墙［大花白大理石 + 大理石线条框］

电视墙［米黄大理石斜铺 + 白色护墙板］

电视墙［银镜斜铺 + 彩色乳胶漆］

电视墙［大花白大理石］

电视墙［米黄大理石 + 波浪板］

电视墙［仿古砖斜铺 + 密度板雕花刷白］

电视墙［皮质软包］

电视墙［仿石材墙砖 + 白色护墙板］

电视墙［大花白大理石 + 彩色乳胶漆］

电视墙［微晶石墙砖斜铺 + 茶镜］

电视墙［茶镜 + 石膏罗马柱］

电视墙［米黄大理石 + 墙纸］

电视墙［米黄大理石 + 茶镜］

电视墙［大花白大理石斜铺 + 车边银镜倒角斜铺］

电视墙［墙纸 + 木线条装饰框］

电视墙［白色护墙板 + 墙纸］

电视墙［米黄大理石 + 皮质软包］

电视墙［大理石拉槽 + 茶镜倒角］

电视墙［皮质软包 + 米黄大理石装饰框］

电视墙［艺术墙砖 + 墙纸］

电视墙［啡网纹大理石］

电视墙［米黄大理石 + 黑镜］

电视墙［米白色墙砖］

电视墙［米黄大理石斜铺 + 烤漆玻璃］

电视墙［大理石护墙板 + 彩色乳胶漆］

电视墙［微晶石墙砖 + 墙纸］

电视墙［仿古砖斜铺 + 定制展示柜］

电视墙 [墙纸 + 白色护墙板]

电视墙 [石膏壁炉造型 + 彩色乳胶漆]

电视墙 [米白大理石 + 布艺软包]

电视墙 [黑色烤漆玻璃 + 木线条装饰框]

电视墙 [布艺软包]

电视墙 [黑白根大理石 + 玻璃展示柜]

电视墙 [米黄大理石 + 大理石罗马柱]

电视墙 [墙纸 + 大理石罗马柱]

电视墙 [墙纸]

电视墙 [米黄大理石斜铺 + 彩色乳胶漆]

电视墙 [布艺软包 + 白色护墙板]

电视墙［大花白大理石＋灰镜］

电视墙［杉木板装饰背景＋墙纸］

马赛克拼花的设计

马赛克拼花注重个性化的设计，不拘泥于传统的铺贴方式，将不同色彩、不同规格与不同形状的马赛克加以组合，正是展现个性化电视墙的又一绝妙手段。

电视墙［墙纸＋木质罗马柱］

电视墙［墙纸］

电视墙［马赛克拼花］

电视墙［大理石壁炉装饰造型］

电视墙［米黄大理石＋灰镜］

电视墙［微晶石墙砖］

电视墙［布艺软包＋灰镜］

电视墙 [米白大理石 + 木花格贴银镜]

电视墙 [米黄色墙砖凹凸斜铺]

电视墙 [米色墙砖斜铺 + 茶镜倒角]

电视墙 [木纹大理石 + 木花格]

电视墙 [米黄大理石斜铺 + 墙纸]

电视墙 [啡网纹大理石 + 茶镜雕花]

电视墙 [啡网纹大理石 + 银镜雕花]

电视墙 [米白墙砖斜铺 + 透光云石]

电视墙 [米黄大理石斜铺]

电视墙 [杉木板装饰凹凸背景刷白]

电视墙 [布艺软包 + 墙纸]

电视墙 [墙纸 + 大理石罗马柱]

石膏线装饰框丰富层次感

在背景墙上利用石膏线做装饰框，既节约成本，又很出效果。框架的大小应根据墙面的尺寸按比例均分。线条的款式有很多种，复杂款式的可以提升整个空间的奢华感。石膏线装饰框可以刷成跟墙面一样的颜色，也可以保留原线条的白色，具体应根据整个空间的色彩来定。

电视墙 [木纹墙砖 + 银镜雕花]

电视墙 [大理石壁炉 + 钢化玻璃]

电视墙 [米白大理石 + 布艺软包]

电视墙 [木纹大理石 + 木搁板]

电视墙 [布艺软包 + 墙纸]

电视墙 [石膏板造型刷白 + 陶瓷马赛克]

电视墙 [白色护墙板 + 银镜雕花]

电视墙 [灰镜雕花 + 白色护墙板]

电视墙 [墙纸 + 灰镜]

电视墙 [布艺软包 + 银镜 + 灰镜]

电视墙 [砂岩浮雕 + 茶镜]

电视墙 [大理石壁炉造型 + 灰镜]

电视墙 [墙纸 + 木质罗马柱]

电视墙 [茶镜雕花 + 密度板雕花刷白]

电视墙 [艺术墙砖 + 陶瓷马赛克]

电视墙 [墙纸 + 大理石装饰框]

电视墙 [米白色墙砖 + 啡网纹大理石线条收口]

电视墙 [石膏板造型 + 彩色乳胶漆]

电视墙 [布艺硬包 + 黑镜]

电视墙 [烤漆雕花玻璃]

电视墙 [皮质软包]

电视墙 [米黄色墙砖 + 啡网纹大理石线条收口]

电视墙 [钢化清玻璃 + 黑钢装饰框]

简约风格电视墙
TV wall

▲电视墙运用直线条拉伸客厅视觉高度

▲电视机嵌入墙面，增加现代时尚感

▲小户型电视墙适合使用大块镜面

▲电视墙可以兼具隔断的功能

▲搁板除展示功能外，更能丰富电视墙的层次感

▲电视墙运用横线条拓宽房间视觉宽度

▲收纳柜与电视背景合二为一的设计很具实用性

▲电视墙的色彩应与客厅的家具相呼应

▲悬空式电视柜是简约风格电视墙的特点之一

电视墙 [雨林棕大理石 + 洞石]

电视墙 [仿马赛克墙砖 + 大花白大理石]

电视墙 [墙纸 + 茶镜倒角]

电视墙 [石膏板造型 + 墙纸]

电视墙 [石膏板造型 + 黑色烤漆玻璃]

电视墙 [墙布]

电视墙 [木地板上墙 + 灰镜雕花]

电视墙 [布艺软包 + 木线条装饰框刷银箔漆]

电视墙 [大花白大理石 + 装饰壁龛]

电视墙 [仿石材墙砖 + 悬挂电视柜]

悬挂式电视柜

在简约风格的客厅中，许多业主选购了悬挂式电视柜，最大的特点就是悬挂在墙上与背景墙融为一体。悬挂的电视柜离地面不要太高，否则美观度会大打折扣，一般能放入拖把就可以了。

电视墙 [啡网纹大理石 + 银镜倒角]

电视墙 [仿砖纹墙纸]

电视墙 [陶瓷马赛克 + 墙纸 + 木饰面板]

电视墙 [大花白大理石 + 不锈钢线条装饰框]

电视墙 [墙纸 + 陶瓷马赛克 + 布艺软包]

电视墙 [米黄大理石 + 银镜雕花]

电视墙 [灰色墙砖 + 灰镜雕花]

电视墙 [木线条装饰框 + 墙纸 + 质感漆]

电视墙 [定制展示柜]

电视墙［木饰面板装饰凹凸背景 + 银镜］

电视墙［石膏板凹凸铺贴造型］

电视墙［皮质软包 + 银镜］

电视墙［墙纸 + 密度板雕花刷白贴银镜］

电视墙［墙纸 + 密度板雕花刷白］

电视墙［布艺软包］

电视墙［皮纹砖 + 灰镜］

电视墙［洞石］

电视墙［布艺软包 + 茶镜］

电视墙［墙纸 + 灰镜］

电视墙［米黄大理石矮墙］

电视墙［石膏板造型 + 枫木饰面板］

电视墙［墙贴 + 灰镜］

电视墙［石膏板造型刷质感漆 + 墙纸］

电视墙［定制收纳柜］

电视墙［墙纸 + 玻璃搁板］

电视墙［墙纸 + 装饰壁龛］

电视墙［米黄大理石 + 大理石线条］

电视墙［石膏板造型 + 银镜］

电视墙［布艺软包 + 雕花银镜包柱］

电视墙［大理石雕花 + 灰镜］

电视墙［石膏板造型刷白 + 木线条造型］

电视墙 [白色护墙板 + 彩色乳胶漆]

电视墙 [石膏板造型 + 彩色乳胶漆]

电视墙 [黑镜 + 啡网纹大理石装饰框]

电视墙 [白色烤漆面板 + 彩色乳胶漆]

电视墙 [石膏板刷白加黑镜]

电视墙 [彩色乳胶漆 + 木搁板]

电视墙 [灰镜雕花 + 大理石拉槽]

电视墙 [石膏板造型 + 墙纸 + 银镜]

电视墙 [大花白大理石 + 木纹墙砖]

电视墙 [皮纹砖 + 银镜装饰挂件]

电视墙 [木饰面板拉缝]

电视墙 [石膏板造型刷白 + 彩色乳胶漆]

电视机嵌入墙面

将电视机嵌入到背景墙里，对于小空间而言更显开阔。但注意电视后盖和墙面之间至少应保持10cm左右的距离，四周一般需要留出15cm左右的空间。

电视墙［密度板雕花刷白贴银镜］

电视墙［大花白大理石＋密度板雕花刷白］

电视墙［木质护墙板］

电视墙［米黄墙砖＋灰镜］

电视墙［墙纸＋啡网纹大理石线条收口］

电视墙［墙纸＋洞石＋茶镜］

电视墙［木纹大理石＋金色镜面玻璃雕花］

电视墙［布艺软包］

电视墙［水曲柳饰面板＋灰镜］

电视墙［彩色乳胶漆＋墙面柜］

电视墙［墙纸＋石膏板造型］

电视墙［木饰面板凹凸造型＋黑镜］

电视墙［墙纸＋定制收纳柜］

电视墙［米黄大理石斜铺＋茶镜雕花］

电视墙［木线条密排＋木饰面板］

电视墙［石膏板造型＋灰镜］

电视墙［墙纸＋艺术搁板］

电视墙［墙纸＋不锈钢线条造型］

电视墙［黑檀饰面板＋钢化清玻璃］

电视墙［石膏板装饰凹凸背景刷白］

电视墙［墙纸＋密度板雕花刷白］

电视墙［墙纸＋定制酒柜］

电视墙［墙纸＋米黄色墙砖］

电视墙［洞石］

电视墙［大花白大理石＋马赛克］

电视墙［石膏板造型＋墙纸］

电视墙［墙纸＋密度板雕花刷白贴灰镜］

电视墙［木线条装饰框］

电视墙［皮质硬包＋石膏线条造型］

电视墙［木地板上墙＋悬挂电视柜］

电视墙［皮质软包＋不锈钢线条］

电视墙 [黑色烤漆面板]

电视墙 [石膏板造型 + 墙纸]

电视墙 [米黄色墙砖 + 黑镜雕花]

电视墙 [布艺软包 + 黑镜]

电视墙 [石膏板造型刷白 + 黑镜]

电视墙 [装饰方柱 + 雕花玻璃]

电视墙 [墙纸 + 灰镜雕花]

电视墙 [米黄大理石 + 茶镜]

电视墙 [石膏板造型 + 黑镜]

电视墙 [米黄大理石 + 密度板雕花刷白贴银镜]

电视墙 [墙纸 + 木花格贴银镜]

玻璃装饰电视墙

与其他材质背景墙不同，玻璃装饰电视墙必须通过造型设计以突显其风格特点，单纯只有一面玻璃的设计不大理想，这样会让人感觉生冷，没有家居应有的温馨氛围。

电视墙 [米黄色墙砖 + 艺术墙绘]

电视墙 [布艺软包 + 灰镜]

电视墙 [米黄大理石 + 茶镜]

电视墙 [大花白大理石 + 墙纸]

电视墙 [米黄大理石凹凸铺贴]

电视墙 [墙纸 + 灰镜 + 装饰搁板]

电视墙 [石膏板造型 + 茶镜]

电视墙 [彩绘玻璃 + 银镜]

电视墙 [定制收纳柜 + 黑镜]

电视墙［木纹大理石＋灰镜雕花］

电视墙［米黄大理石＋石膏板造型拓缝］

电视墙［木纹墙砖＋墙纸］

电视墙［皮纹砖＋墙纸］

电视墙［墙纸＋灰镜倒角］

电视墙［墙纸＋石膏板造型刷白］

电视墙［密度板雕花刷白＋彩色乳胶漆］

电视墙［墙面柜嵌灰镜］

电视墙［皮纹砖＋茶镜］

电视墙［石膏板造型贴墙纸］

电视墙［木纹大理石］

电视墙［墙纸 + 印花玻璃］

电视墙［墙纸 + 灰镜］

电视墙［彩色乳胶漆 + 定制展示架］

电视墙［大花白大理石 + 茶镜］

电视墙［大理石壁炉造型 + 装饰搁板］

电视墙［米黄大理石 + 木线条间贴银镜］

电视墙［墙纸 + 雕花灰镜］

电视墙［仿石材墙砖 + 啡网纹大理石线条］

电视墙［布艺软包 + 银镜］

电视墙 [石膏板造型 + 木搁板 + 墙纸]

电视墙 [木纹墙砖 + 银镜]

电视墙 [木纹墙砖 + 茶镜雕花]

电视墙 [石膏板造型 + 帝龙板]

电视墙 [木饰面板 + 木纹墙砖]

电视墙 [米黄大理石 + 黑镜]

电视墙 [大花绿大理石 + 装饰壁龛 + 帝龙板]

电视墙 [墙贴 + 黑镜]

电视墙 [米白色墙砖 + 灰镜雕花]

电视墙 [布艺硬包]

电视墙 [墙纸]

电视墙［黑白根大理石］

电视墙［墙纸＋木饰面板装饰框］

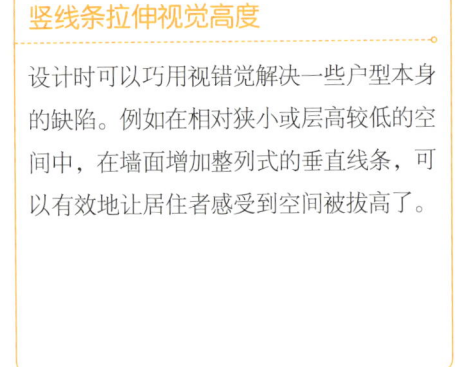

竖线条拉伸视觉高度

设计时可以巧用视错觉解决一些户型本身的缺陷。例如在相对狭小或层高较低的空间中，在墙面增加整列式的垂直线条，可以有效地让居住者感受到空间被拔高了。

电视墙［墙纸＋茶镜］

电视墙［墙纸＋马赛克拼花＋灰镜］

电视墙［墙纸＋密度板雕花刷白］

电视墙［墙纸＋茶镜］

电视墙［木地板上墙＋墙纸］

电视墙［黑胡桃木饰面板］

电视墙［硅藻泥］

电视墙［洞石＋啡网纹大理石］

电视墙［墙贴＋装饰搁架］

电视墙［墙纸＋雕花玻璃］

电视墙［墙纸＋灰镜］

电视墙［艺术墙绘］

电视墙［艺术墙砖＋木格栅贴银镜］

电视墙［布艺硬包＋灰镜雕花］

电视墙［白色木质护墙板］

电视墙［墙纸＋银镜］

电视墙［布艺软包＋彩绘玻璃］

电视墙［墙纸＋大理石搁板］

电视墙［墙纸＋木饰面板］

电视墙［布艺软包＋黑镜］

电视墙［布艺硬包］

电视墙［实木护墙板］

电视墙［彩色乳胶漆］

电视墙［密度板雕花刷白］

电视墙［墙纸 + 银镜］

电视墙［木纹墙砖 + 黑镜］

电视墙［米黄大理石 + 银镜雕花］

电视墙［米白墙砖 + 木线条］

电视墙［墙纸］

电视墙［大花白大理石］

电视墙［啡网纹大理石 + 马赛克线条］

电视墙［质感漆 + 木搁板］

电视墙［木纹墙砖 + 灰镜］

电视墙［墙纸 + 陶瓷马赛克］

电视墙［木线条装饰框 + 黑镜］

电视墙［墙纸 + 装饰壁龛］

电视墙［马赛克拼花 + 米黄色墙砖］

电视墙［石膏板造型刷白 + 黑镜］

电视墙［墙纸］

电视墙［木线条装饰框 + 墙纸］

电视墙［墙纸 + 木饰面板收口］

电视墙［密度板雕花刷白］

电视墙［墙纸 + 铆钉装饰］

电视墙［木饰面板＋密度板雕花刷白贴银镜］　　电视墙［墙纸］

现场制作电视柜

现场制作的电视柜可以随意地做成任何造型。电视柜层板的厚度也是很多人考虑的因素，一般公寓房电视柜层板的厚度控制在 40mm 和 60mm 为佳。太薄了容易变形，太厚了会显得笨重。

电视墙［大花白大理石矮墙＋木搁板］　　电视墙［墙纸］

电视墙［米黄大理石斜铺＋布艺软包］　　电视墙［爵士白大理石＋装饰挂件］　　电视墙［墙纸＋墙面柜］

电视墙［枫木饰面板］

电视墙［木饰面板造型］

电视墙［墙纸＋定制展示架］

电视墙［米黄大理石＋墙纸］

电视墙［微晶石墙砖＋银镜雕花］

电视墙［烤漆面板＋定制收纳柜］

电视墙［米黄大理石＋陶瓷马赛克］

电视墙［墙纸＋木搁板］

电视墙［橡木饰面板＋墙面柜］

电视墙［彩色乳胶漆＋艺术墙绘］

电视墙［墙纸＋银镜拼菱形］

电视墙［皮质软包＋银镜］

电视墙［墙纸＋石膏板造型＋茶镜］

电视墙［墙纸＋灰镜］

电视墙［艺术墙砖＋石膏浮雕］

电视墙［米黄色墙砖＋陶瓷马赛克］

电视墙［米白色墙砖夹小黑砖斜铺＋黑镜］

电视墙［木饰面板造型］

电视墙［枫木饰面板＋灰镜］

电视墙［银镜倒角斜铺＋大理石搁板］

电视墙［墙纸＋木线条装饰框］

电视墙［米黄大理石＋帝龙板］

电视墙 [绿色墙砖]

电视墙 [石膏板造型 + 墙纸 + 彩色乳胶漆]

电视墙 [木纹墙砖倒角 + 黑镜]

电视墙 [米黄色墙砖 + 茶镜倒角]

电视墙 [米黄大理石 + 茶镜雕花]

电视墙 [大花白大理石拉槽 + 灰镜雕花]

电视墙 [石膏板造型 + 墙纸 + 灰镜]

电视墙 [墙纸 + 珠帘]

电视墙 [灰镜 + 悬挂式电视柜]

电视墙 [石膏板造型 + 彩色乳胶漆 + 墙纸]

块面造型增加立体感

现代简约风格的家居比较重视个性化，并且注重整体风格的协调性，图中的电视背景墙凹凸起伏，简约而不简单，大块面的复制运用，仅从视觉冲击力来说就已经足够震撼。

电视墙 [灰镜 + 布艺软包 + 石膏板造型]

电视墙 [墙纸 + 密度板雕花贴灰镜]

电视墙 [墙纸 + 黑镜]

电视墙 [啡网纹大理石 + 密度板雕花刷白]

电视墙 [布艺硬包]

电视墙 [珠帘 + 皮纹砖]

电视墙 [橡木饰面板 + 黑镜]

电视墙 [文化石]

电视墙［石膏板造型嵌黑镜 + 墙纸］

电视墙［木饰面板套色 + 装饰挂件］

电视墙［墙纸 + 木纹砖］

电视墙［米黄墙砖 + 灰镜］

电视墙［仿石材墙砖］

电视墙［大花白大理石 + 木网格］

电视墙［黑胡桃木饰面板 + 黑镜］

电视墙［硅藻泥 + 石膏板造型拓缝］

电视墙［墙纸］

电视墙［艺术墙绘 + 墙纸］

电视墙［墙纸 + 大花白大理石］

电视墙［啡网纹大理石］

电视墙［洞石 + 黑镜］

电视墙［仿石材墙砖 + 灰镜］

电视墙［墙纸 + 密度板雕花刷白］

电视墙［木纹墙砖＋人造大理石台面］

电视墙［定制展示架＋银镜雕花］

电视墙［米黄色墙砖＋茶镜］

电视墙［墙纸］

电视墙［墙纸＋木线条装饰框刷白］

电视墙［米黄大理石］

电视墙［米黄大理石＋黑镜］

电视墙［啡网纹大理石＋米黄大理石］

电视墙［艺术墙绘］

电视墙［墙贴］

电视墙［木纹砖＋米黄色墙砖］

电视墙［石膏板造型嵌灰镜］

电视墙［杉木板铺贴造型＋大理石搁板］

电视墙［斑马木饰面板＋雕花灰镜］

电视墙［木纹大理石］

电视墙［米黄大理石＋灰镜＋墙纸］

电视墙［质感艺术漆＋白色木线条造型］

电视墙［墙纸＋木网格］

电视墙［灰镜＋不锈钢装饰框］

电视墙［啡网纹大理石＋皮质软包］

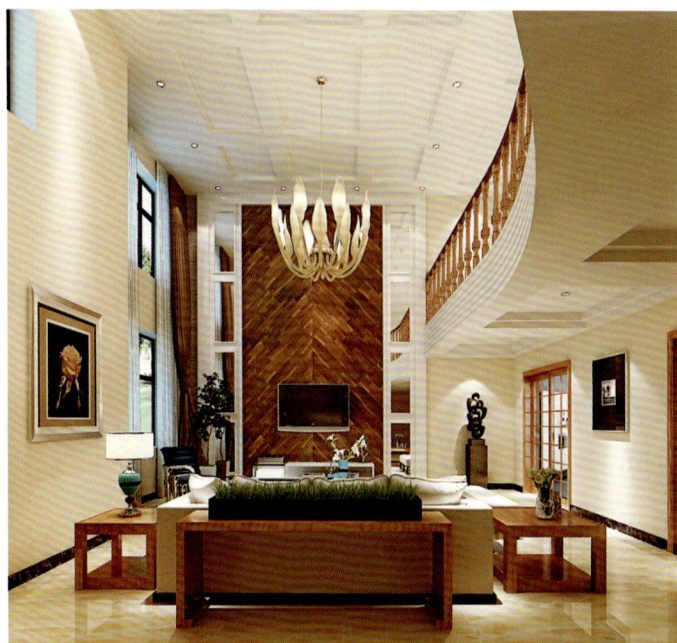

电视墙［木地板上墙＋银镜］

如何选择电视机的大小

很多家庭客厅空间并不适合太大的平板电视。如果客厅沙发和电视之间的距离在2m以内，32英寸和37英寸液晶电视是最佳选择；如果距离在2~3m，40英寸、42英寸以及46英寸、47英寸的平板电视都可以考虑；如果距离在3m以上，50英寸以上的平板电视就可以作为首选。

电视墙［水曲柳饰面板 + 马赛克线条］

电视墙［彩色乳胶漆 + 木线条装饰框］

电视墙［墙纸 + 黑白照片墙］

电视墙［墙纸 + 茶镜雕刻回纹图案］

电视墙［木纹墙砖 + 木花格贴灰镜］

电视墙［墙纸 + 烤漆玻璃雕花］

电视墙［入墙式展示柜］

电视墙［定制收纳柜］

电视墙［墙纸 + 木线条装饰框刷银漆］

电视墙 [木饰面板套色 + 墙纸]　　　电视墙 [米黄大理石 + 密度板雕花刷白]　　　电视墙 [橡木饰面板 + 墙纸]

电视墙 [布艺软包 + 银镜雕花]　　　电视墙 [墙纸 + 马赛克]　　　电视墙 [米黄墙砖 + 墙纸 + 钢化玻璃]

电视墙 [玉石大理石 + 墙纸]　　　电视墙 [硅藻泥 + 墙贴]

电视墙 [墙纸 + 米黄墙砖]　　　电视墙 [彩色乳胶漆 + 密度板雕花刷白]

电视墙 [米黄色墙砖 + 马赛克]

电视墙 [石膏板造型拓缝 + 银镜]

电视墙 [硅藻泥]

电视墙 [石膏板造型刷白 + 墙纸]

电视墙 [米黄色墙砖 + 黑镜雕花]

电视墙 [水曲柳饰面板显纹刷白 + 洞石]

电视墙 [米黄墙砖 + 密度板雕花刷白]

电视墙 [墙绘 + 金色镜面玻璃]

电视墙 [墙纸 + 装饰方柱]

电视墙 [橡木饰面板 + 银镜]

电视墙 [啡网纹大理石 + 玻璃马赛克]

电视墙 [墙纸 + 木搁板]

电视墙 [墙纸 + 银镜雕花]

电视墙 [墙纸 + 布艺软包]

电视墙 [大花白大理石艺术造型 + 木花格]

电视墙 [米黄大理石 + 灰镜]

电视墙 [艺术墙砖 + 灰镜斜铺]

电视墙 [石膏板造型 + 彩色乳胶漆 + 墙纸]

电视墙 [啡网纹大理石]

电视墙 [墙贴]

电视墙 [墙纸 + 装饰方柱]

电视墙 [仿石材墙砖 + 皮质硬包]

电视墙 [布艺软包 + 斑马木饰面板]

电视墙 [灰色乳胶漆 + 皮质硬包 + 灰镜]

电视墙 [墙纸 + 不锈钢线条装饰框]

电视墙［米黄大理石＋墙纸］

电视墙［石膏板造型拓缝＋墙纸］

电视墙［墙纸＋金色镜面玻璃］

电视墙［木纹大理石＋木饰面板］

电视墙［墙纸＋石膏板造型＋彩色乳胶漆］

电视墙［黑镜雕花＋木纹砖＋银镜倒角］

电视墙［米黄色墙砖铺贴凹凸造型］

电视墙［皮纹砖＋啡网纹大理石］

电视墙［木饰面板＋米黄大理石］

电视墙［墙纸］

电视墙［墙纸＋灰镜雕花］

电视墙［石膏板造型＋银镜］

电视墙［砂岩］

电视墙［橡木饰面板装饰凹凸造型］

电视墙［米黄大理石＋钢化清玻璃＋装饰方柱］

电视墙［米黄色墙砖＋装饰壁龛］

电视墙［白色护墙板］

电视墙［橡木饰面板＋金属线条］

电视墙［墙纸＋黑镜］

电视墙［白色文化砖＋木搁板］

电视墙［米黄大理石＋马赛克］

电视墙 [墙纸 + 石膏板造型拓缝]

电视墙 [定制收纳柜]

小客厅电视墙设计

小客厅电视背景装修尽量不要占用整面墙壁，因为电视墙是进门的焦点所在，一旦占用整面墙的面积，则会显得客厅更为短小。在设计时应运用简洁、突出重点、增加空间进深的设计方法，比如选择深远的色彩，选择统一甚至单一的材质的方法，以起到视觉上调整完善空间效果的作用。

电视墙 [彩色乳胶漆 + 木搁板]

电视墙 [木纹大理石 + 木花格]

电视墙 [皮纹砖]

电视墙 [墙纸 + 彩色乳胶漆 + 洞石]

电视墙 [石膏板造型刷黑漆]

电视墙 [大花白大理石 + 橡木饰面板]

电视墙 [雕花玻璃]

电视墙［布艺软包＋灰镜］

电视墙［硅藻泥］

电视墙［布艺软包＋黑镜］

电视墙［洞石＋银镜雕花］

电视墙［墙纸＋装饰挂件］

电视墙［布艺软包］

电视墙［墙纸］

电视墙［墙纸＋石膏板造型］

电视墙［硅藻泥＋装饰壁龛］

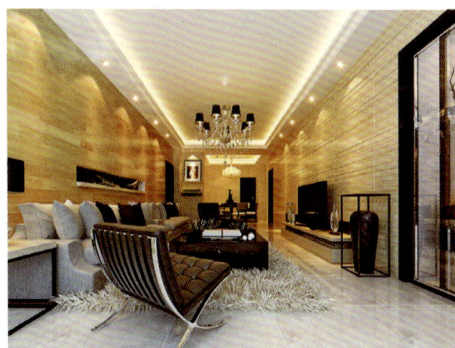

电视墙［米黄墙砖］

电视墙［墙纸＋密度板雕花刷白］

电视墙［皮纹砖＋黑镜］

电视墙［墙贴＋装饰搁板］

电视墙［玉石大理石＋灰色墙砖］

电视墙［皮质软包＋茶镜］

电视墙 [微晶石墙砖 + 斑马木饰面板]

电视墙 [硅藻泥 + 黑镜]

电视墙 [爵士白大理石 + 黑镜]

电视墙 [墙纸 + 石膏板造型]

电视墙 [米黄大理石 + 黑镜]

电视墙 [皮质软包 + 彩色乳胶漆]

电视墙 [米白色墙砖 + 灰镜]

电视墙 [啡网纹人理石 + 大理石线条]

电视墙 [大花白大理石 + 布艺软包]

电视墙 [马赛克拼花 + 黑镜 + 啡网纹大理石线条收口]

电视墙［石膏板造型＋茶镜＋陶瓷马赛克］

电视墙［墙纸］

电视墙［米黄大理石＋密度板雕花刷白］

电视墙［墙纸＋大花白大理石装饰框］

电视墙［墙纸＋彩色乳胶漆］

电视墙［米黄色墙砖＋马赛克拼花］

电视墙［彩色乳胶漆＋装饰方柱］

电视墙［大花白大理石＋石膏板造型拓缝］

电视墙［斑马木饰面板］

电视墙［墙纸＋不锈钢线条装饰框］

电视墙［布艺软包 + 装饰搁架］

电视墙［橡木饰面板 + 装饰壁龛 + 黑镜］

客厅安装投影设备

现在越来越多的家庭选择在客厅安装投影设备，但投影机在使用中比家电产品要复杂，不仅要考虑它的安装位置，其与音频器材、视频设备的连接都要设计周详，才能保证客厅的美观效果。而且水电施工时要在顶面预留幕布的插座位置。但是要注意其隐蔽性，一般建议做在投影幕的侧面。

电视墙［墙纸 + 装饰挂件］

电视墙［木饰面板 + 银镜倒角斜铺］

电视墙［墙纸 + 大花白大理石装饰框］

电视墙［水曲柳饰面板显纹刷白］

电视墙［墙纸 + 灰镜］

电视墙［布艺软包 + 木线条收口 + 洞石］

电视墙［布艺软包 + 枫木饰面板］

电视墙［透光云石 + 米白大理石斜铺］

电视墙［仿石材墙砖 + 银镜 + 木搁板］

电视墙［布艺硬包 + 铆钉装饰］

电视墙［墙纸 + 银镜］

电视墙［米白墙砖 + 木花格贴墙纸］

电视墙［杉木板铺贴凹凸造型刷白］

电视墙［艺术墙砖 + 灰镜］

电视墙［石膏板造型 + 黑镜］

电视墙［微晶石墙砖拼花 + 艺术玻璃］

电视墙［大花白大理石 + 黑镜］

电视墙［墙纸＋玻璃搁板＋茶镜］

电视墙［石膏板造型＋彩色乳胶漆］

电视墙［布艺软包＋木线条造型］

电视墙［灰镜＋墙纸］

电视墙［墙纸＋银镜雕花］

电视墙［墙纸＋枫木饰面板＋银镜］

电视墙［木地板上墙＋木花格］

电视墙［微晶石墙砖＋黑色烤漆玻璃］

电视墙［大花白大理石拉槽］

电视墙［黑胡桃木饰面板＋木搁板＋银镜］

电视墙［仿石材墙砖＋木花格贴灰镜］

电视墙［木纹墙砖＋装饰壁龛］

电视墙［仿石材墙砖＋银镜倒角］

电视墙［大花白大理石＋银镜雕花］

电视墙［墙纸＋银镜］

电视墙［皮质软包 + 不锈钢线条 + 灰镜雕花］

电视墙［定制收纳柜］

电视墙［马赛克 + 木纹大理石］

电视墙［皮纹砖 + 墙纸］

电视墙［墙纸 + 灰镜倒角斜铺］

电视墙［大花白大理石 + 布艺软包 + 灰镜］

电视墙［洞石 + 灰镜］

电视墙［木饰面板铺贴凹凸造型］

电视墙［墙纸 + 不锈钢线条 + 银镜］

电视墙［木地板上墙 + 雕花灰镜］

电视墙 [墙纸 + 灰镜 + 木搁板]

电视墙 [石膏板凹凸造型 + 灰镜]

电视墙 [硅藻泥]

电视墙 [墙纸 + 水曲柳饰面板装饰框]

电视墙 [石膏板造型 + 红色烤漆玻璃]

电视墙 [质感漆 + 灰镜]

电视墙 [墙纸 + 装饰搁架]

电视墙 [墙纸 + 石膏板造型 + 彩色乳胶漆]

电视墙 [石膏板造型 + 彩色乳胶漆 + 装饰壁龛]

电视墙 [洞石凹凸铺贴造型]

电视墙 [胡桃木饰面板 + 皮质软包]

电视墙 [烤漆玻璃 + 墙贴]

电视墙 [大花白大理石 + 密度板雕花刷白]

电视墙 [灰镜雕花]

电视墙 [木纹大理石 + 灰镜]

电视墙 [艺术玻璃]

电视墙 [墙纸 + 黑镜]

电视墙 [木饰面板 + 不锈钢线条]

电视墙 [大花白大理石 + 黑镜]

电视墙 [绿色墙砖 + 灰镜]

电视墙 [水曲柳饰面板套色 + 彩色乳胶漆]

电视墙 [装饰方柱 + 钢化玻璃挂线帘]

矮墙造型的电视背景

矮墙作为电视背景能保持空间的连贯性，十分适合长条形格局且面积不大的小户型居室。装修时建议最好暗埋一根 PVC 管，所有的电线或连接线路都可以通过这根管到达电视机的端口，归置整齐。预留备用插头，如果电器扩容也能从容应对。

电视墙 [皮质软包 + 不锈钢线条收口]

电视墙 [木饰面板拼花]

电视墙 [皮质硬包 + 灰镜]

电视墙 [大花白大理石 + 茶镜]

电视墙 [石膏板造型 + 墙纸]

电视墙 [大花白大理石 + 黑镜]

电视墙［墙纸＋马赛克］

电视墙［石膏板造型＋墙纸］

电视墙［墙纸＋大花白大理石装饰框］

电视墙［仿石材墙砖＋灰镜］

电视墙［石膏板造型＋金色镜面玻璃］

电视墙［布艺软包＋斑马木饰面板＋灰镜］

电视墙［啡网纹大理石＋木线条造型＋皮质硬包］

电视墙［啡网纹大理石＋灰镜］

电视墙［大花白大理石＋灰镜］

电视墙［米黄色墙砖＋黑镜］

电视墙［洞石 + 密度板雕花刷白］

电视墙［墙纸 + 马赛克］

电视墙［墙纸 + 艺术搁板］

电视墙［墙纸 + 密度板雕花刷白贴黑镜］

电视墙［装饰搁架］

电视墙［灰镜 + 米黄色墙砖］

电视墙［墙纸 + 布艺软包］

电视墙［艺术墙砖斜铺 + 布艺软包 + 灰镜］

电视墙［硅藻泥 + 不锈钢线条造型］

电视墙［米黄大理石 + 银镜］

电视墙 [布艺软包 + 雕花灰镜]

电视墙 [洞石 + 木线条密排]

电视墙 [墙纸 + 石膏板造型 + 装饰搁板]

电视墙 [木纹大理石 + 茶镜]

电视墙 [墙纸 + 石膏板造型 + 装饰壁龛]

电视墙 [布艺软包 + 黑镜]

电视墙 [水曲柳饰面板 + 木搁板]

电视墙 [墙纸 + 大花白大理石装饰框]

电视墙 [米白色墙砖 + 密度板雕花刷白贴灰镜]

电视墙 [石膏板造型刷灰色乳胶漆 + 装饰壁龛]

电视墙［墙纸 + 灰镜 + 木搁板］

电视墙［墙纸 + 木搁板 + 定制收纳柜］

利用壁龛代替电视柜

利用墙体的壁龛造型收纳功放机、数字电视盒等物品，既丰富了墙面的立体感，又兼具电视柜的功能。这里需要考虑好壁龛的深度，因为不同品牌功放机的大小是不一样的，施工前应先确定使用的品牌型号，此外还要多设置几个插座。

电视墙［水曲柳饰面板 + 银镜雕花］

电视墙［石膏板造型刷白］

电视墙［啡网纹大理石 + 木饰面板 + 木搁板］

电视墙［木纹墙砖］

电视墙［透光云石］

电视墙［啡网纹大理石凹凸造型 + 定制展示柜］

电视墙［爵士白大理石］

电视墙［米黄大理石 + 茶镜雕花］

电视墙［石膏板造型嵌黑镜］

电视墙［墙纸 + 银镜倒角］

电视墙［米黄墙砖 + 黑镜］

电视墙［墙纸 + 马赛克］

电视墙［米黄色墙砖 + 灰镜］

电视墙［墙纸 + 密度板雕花刷白贴灰镜］

电视墙［墙纸 + 灰镜 + 入墙式展示架］

电视墙［大理石拼花］

电视墙［灰色乳胶漆 + 密度板雕花刷白］

电视墙 [米黄大理石 + 墙纸 + 灰镜]

电视墙 [墙纸 + 木线条装饰框]

电视墙 [黑檀饰面板 + 米黄墙砖]

电视墙 [文化石]

电视墙 [墙纸 + 银镜雕花]

电视墙 [墙纸 + 茶镜]

电视墙 [布艺软包 + 灰镜]

电视墙 [墙纸 + 灰镜 + 装饰壁龛]

电视墙 [仿石材墙砖 + 银镜 + 木搁板]

电视墙 [密度板雕花刷白 + 彩色乳胶漆]

电视墙 [墙纸 + 木搁板 + 密度板雕花刷白]

电视墙［洞石 + 灰镜］

电视墙［米黄色墙砖 + 木花格贴黑镜］

电视墙［入墙式展示架］

电视墙［仿石材墙砖 + 墙纸］

电视墙［布艺软包 + 装饰壁龛］

电视墙［大花白大理石 + 墙纸 + 马赛克］

电视墙［墙纸 + 灰镜］

电视墙［布艺软包 + 茶镜］

电视墙［墙纸］

电视墙［仿石材墙砖 + 黑镜］

墙贴装饰电视墙

艺术墙贴操作简单、经济实惠，有各种颜色和图形。有些电视墙可以考虑采用艺术墙贴进行装饰，尤其适合简约风格、北欧风格等空间。但要注意的是对于本身质量较差的墙面，新刷未干透的墙面或刷有两种以上乳胶漆的墙面，在移除墙贴时都容易对墙面造成破坏。

电视墙 [木线条密排]

电视墙 [石膏板造型刷白 + 不锈钢线条]

电视墙 [布艺软包 + 黑镜]

电视墙 [墙纸 + 石膏板造型]

电视墙 [大花白大理石 + 黑镜]

电视墙 [米黄色墙砖 + 银镜]

电视墙 [石膏板造型拓缝 + 橡木饰面板]

电视墙 [木地板上墙]

电视墙 [装饰方柱 + 印花玻璃]

电视墙 [墙纸 + 木饰面板]

电视墙 [墙纸 + 木饰面板造型]

电视墙 [石膏板造型 + 黑镜]

电视墙 [彩色乳胶漆 + 木搁板]

电视墙 [大花白大理石 + 木饰面板]

电视墙 [石膏板造型 + 墙纸]

电视墙 [米白墙砖 + 灰镜]

电视墙 [微晶石墙砖 + 黑镜]

电视墙 [装饰搁架 + 彩色乳胶漆]

电视墙 [大花白大理石]

电视墙［仿石材墙砖］

电视墙［米黄色墙砖］

电视墙［米黄色墙砖斜铺］

电视墙［布艺软包＋银镜倒角］

电视墙［墙纸＋大花白大理石＋悬挂式电视柜］

电视墙［墙纸＋波浪板＋黑镜］

电视墙［墙纸＋木搁板］

电视墙［彩色乳胶漆＋墙贴］

电视墙［墙纸＋木质装饰框刷白］

电视墙［石膏板造型＋黑镜］

电视墙 [墙纸 + 银镜雕花]

电视墙 [墙纸 + 瓷盘装饰挂件]

电视墙 [定制书架]

电视墙 [生态木 + 墙纸]

电视墙 [木纹大理石 + 密度板雕花刷白贴灰镜]

电视墙 [大花白大理石 + 灰镜]

电视墙 [布艺软包]

电视墙 [木地板上墙 + 墙纸]

电视墙 [啡网纹大理石 + 密度板雕花刷白贴银镜]

电视墙 [墙纸 + 米白大理石]

电视墙 [墙贴 + 银镜倒角]

电视墙［墙贴 + 雕花银镜］

电视墙［石膏板造型嵌银镜］

深浅色调结合的电视墙设计

现代风格的家居装修中，很多业主都喜欢采用温馨的浅色，但是如果家里全部用浅色调，也会显得比较平淡。建议可以在电视墙面用些深色的材质，比如墙纸、马赛克等，深浅色调合理搭配会使整个空间比较有立体感，最好在小件家具的搭配上和深色做个呼应，这样效果会更好。

电视墙［布艺软包 + 银镜倒角］

电视墙［石膏板造型刷白 + 灰镜 + 灰镜雕花］

电视墙［米白色墙砖 + 灰镜］

电视墙［石膏板造型嵌灰镜］

电视墙［米黄大理石 + 墙纸］

电视墙［大花白大理石 + 墙纸］

电视墙［木线条密排 + 大理石搁板］

电视墙［木纹砖＋银镜＋布艺软包］

电视墙［米黄色墙砖＋雕花银镜］

电视墙［钢化清玻璃挂线帘］

电视墙［墙纸＋木线条收口］

电视墙［墙纸＋黑镜］

电视墙［仿石材墙砖］

电视墙［皮质硬包］

电视墙［墙纸＋布艺软包］

电视墙［墙纸＋灰镜］

电视墙［彩色乳胶漆＋入墙式展示架］

电视墙［大花白大理石＋灰镜］

电视墙［微晶石墙砖＋白色护墙板］

电视墙［墙纸＋木搁板＋金色镜面玻璃雕花］

电视墙［大花白大理石］

电视墙［石膏板造型＋墙纸］

电视墙［墙纸＋茶镜］

电视墙［艺术搁架造型］

电视墙［米黄大理石＋黑镜＋墙纸］

电视墙［米白色墙砖］

电视墙［木饰面板装饰凹凸背景］

电视墙 [黑檀饰面板 + 啡网纹大理石]

电视墙 [布艺硬包 + 墙面柜嵌黑镜]

电视墙 [彩色乳胶漆 + 水曲柳饰面板]

电视墙 [石膏板造型 + 质感漆 + 墙纸]

电视墙 [墙纸 + 马赛克]

电视墙 [啡网纹大理石 + 墙纸]

电视墙 [墙纸]

电视墙 [微晶石墙砖 + 密度板雕花刷白贴茶镜]

电视墙 [墙纸 + 石膏板造型刷彩色乳胶漆]

电视墙 [木线条密排 + 定制展示柜]

电视墙［大花白大理石 + 大理石展示架］

电视墙［布艺软包 + 黑檀饰面板］

电视墙［密度板雕花刷白 + 彩色乳胶漆］

电视墙［大花白大理石 + 密度板雕花刷白贴灰镜］

电视墙［定制书柜］

电视墙［米黄色墙砖 + 布艺软包］

电视墙［墙纸 + 米黄墙砖］

电视墙［石膏板造型 + 墙纸］

电视墙［布艺软包 + 墙面柜嵌黑镜］

电视墙［皮质硬包］

电视墙［米黄大理石＋灰镜］

电视墙［马赛克＋大花白大理石装饰框］

电视墙［大花白大理石］

电视墙［石膏板造型＋灰镜］

电视墙［米黄大理石斜铺＋帝龙板］

电视墙［木纹砖斜铺＋布艺软包］

电视墙［木纹砖＋墙砖拉槽＋黑镜］

电视墙［烤漆玻璃＋石膏板造型］

电视墙［墙纸＋质感漆］

电视墙［墙纸＋银镜倒角＋黑白根大理石线条收口］

电视墙［微晶石墙砖＋灰镜倒角］

烤漆玻璃装饰电视墙

烤漆玻璃装饰墙面可以考虑不用广告钉，直接用胶粘就可以，但是基础底面一定要平整，最好先用石膏板或者高密度板打底。其次建议不要把电视机挂在墙面上，因为电视机一般是等玻璃装好以后才安装的，打孔的时候很容易发生破裂的现象。

电视墙［皮质软包］

电视墙［米黄大理石 + 黑镜］

电视墙［艺术墙砖］

电视墙［黑色烤漆玻璃 + 装饰壁龛］

电视墙［定制收纳柜］

电视墙［米黄大理石 + 啡网纹大理石装饰框］

电视墙［米黄色墙砖 + 银镜磨花］

电视墙［墙纸 + 密度板雕花刷白］

电视墙［雕花玻璃］

电视墙［木纹墙砖凹凸铺贴 + 黑镜雕花］

电视墙［皮质软包］

电视墙［定制收纳柜］

电视墙［黑镜］

电视墙［樱桃木饰面板 + 不锈钢线条］

电视墙［墙纸 + 灰镜］

电视墙［木线条打方框刷白］

电视墙［米黄大理石 + 灰镜］

电视墙［石膏板造型 + 银镜 + 彩色乳胶漆］

电视墙［米黄大理石 + 白色护墙板］

电视墙［米黄色墙砖＋黑镜］

电视墙［墙纸＋银镜＋皮质软包］

电视墙［米黄色墙砖＋木花格］

电视墙［石膏板造型＋彩色乳胶漆］

电视墙［石膏板造型＋装饰壁龛］

电视墙［布艺软包＋墙纸］

电视墙［木纹大理石＋黑镜］

电视墙［木线条间贴墙纸］

电视墙［水曲柳饰面板装饰凹凸背景刷白］

电视墙［木纹大理石＋白色护墙板］

电视墙 [米黄色墙砖 + 木搁板]

电视墙 [皮质软包 + 灰镜倒角]

电视墙 [米白色墙砖 + 木线条密排]

电视墙 [烤漆玻璃]

电视墙 [木纹墙砖 + 银镜 + 鹅卵石]

电视墙 [木线条造型刷白]

电视墙 [米白墙砖 + 墙纸]

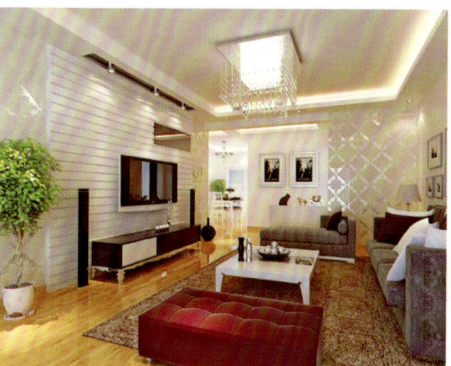

电视墙 [石膏板造型拓缝 + 灰镜]

电视墙 [密度板雕花刷白贴灰镜 + 布艺软包]

电视墙 [橡木饰面板]

电视墙 [黑色墙砖]

电视墙 [定制展示架 + 灰镜]

电视墙 [大花白大理石 + 灰镜]

电视墙 [皮质软包 + 灰镜]

电视墙 [仿石材墙砖 + 印花玻璃]

电视墙 [石膏板造型 + 墙纸 + 黑镜]

电视墙 [墙纸 + 彩色乳胶漆]

电视墙 [墙纸 + 灰镜]

电视墙 [墙纸 + 波浪板]

电视墙 [墙纸 + 白色护墙板]

电视墙 [木纹大理石 + 黑镜]

电视墙 [木纹墙砖 + 灰镜]

电视墙 [米黄大理石 + 石膏板造型 + 茶镜]

电视墙 [密度板雕花刷白 + 金属马赛克]

电视墙 [大花白大理石 + 灰镜]

电视墙 [墙纸 + 木搁板]

电视墙 [定制收纳柜]

电视墙 [米黄色墙砖 + 装饰壁龛]

电视墙 [米黄色墙砖 + 茶镜雕花]

电视墙 [茶镜]

电视墙 [墙纸 + 装饰方柱 + 灰镜]

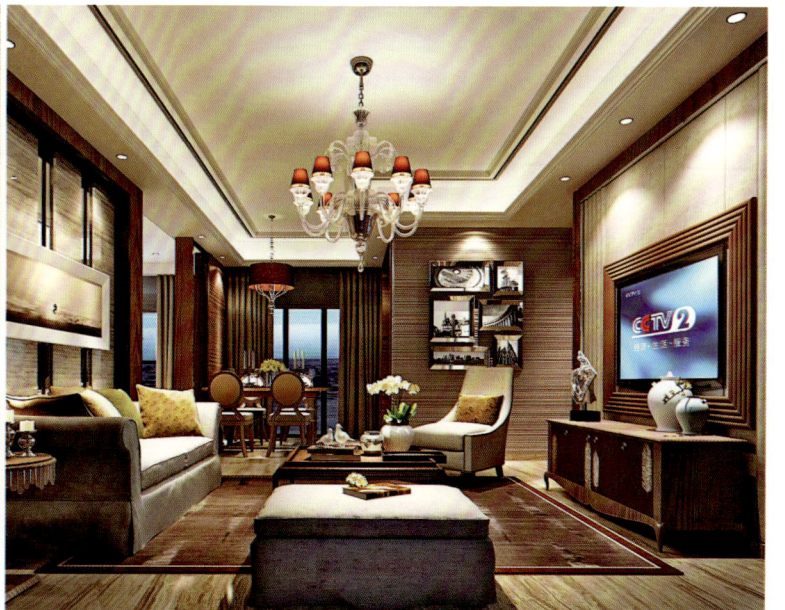

电视墙 [布艺软包]

电视墙 [石膏板造型 + 彩色乳胶漆]

电视墙 [黑檀饰面板 + 不锈钢线条造型]

墙纸铺贴电视墙

一般而言，首先应确定墙纸的图案，如大客厅墙面适合抽象图案；而小客厅墙面则可用图案明确、规则的墙纸。然后再选择墙纸的色彩，小客厅可以使用反光度较好的浅色墙纸以扩散视觉空间，大客厅用大花深色墙纸显得紧凑华丽。

电视墙 [大花白大理石 + 银镜]

电视墙 [布艺软包 + 银镜]

电视墙 [墙纸 + 银镜]

电视墙 [墙纸 + 石膏板造型]

电视墙 [墙纸 + 灰镜]

电视墙 [啡网纹大理石]

电视墙 [杉木板装饰背景 + 灰镜]

电视墙 [墙纸 + 木线条装饰框刷白]

电视墙 [密度板雕花刷白 + 米黄色墙砖 + 灰镜]

电视墙 [墙纸]

电视墙 [文化砖 + 质感漆]

电视墙 [水曲柳饰面板显纹刷白]

电视墙 [木饰面板造型 + 茶镜]

电视墙 [木地板拼花 + 墙纸]

电视墙 [大花白大理石 + 灰镜]

电视墙 [木饰面板 + 木搁板]

电视墙 [洞石 + 灰镜]

电视墙 [彩色乳胶漆 + 木搁板]

电视墙［艺术墙绘 + 木搁板］

电视墙［墙纸 + 石膏板镂空造型］

电视墙［墙纸 + 石膏板造型嵌黑镜］

电视墙［仿洞石墙砖 + 茶镜雕花］

电视墙［木饰面板装饰凹凸造型 + 彩色乳胶漆］

电视墙［墙纸 + 银镜倒角］

电视墙［米白色墙砖 + 灰镜］

电视墙［木饰面板 + 墙纸 + 木搁板］

电视墙［墙纸 + 钢化清玻璃］

电视墙［木纹墙砖斜铺 + 皮纹砖 + 灰镜］

电视墙［大花白大理石＋银镜雕花］

电视墙［木纹大理石＋马赛克］

电视墙［石膏壁炉造型＋布艺软包＋银镜］

电视墙［墙纸］

电视墙［墙纸＋石膏板造型＋灰镜］

电视墙［木饰面板＋定制收纳柜］

电视墙［米黄大理石斜铺＋啡网纹大理石线条装饰框］

电视墙［木纹大理石＋银镜］

电视墙［墙纸＋不锈钢装饰条］

电视墙［墙纸＋木搁板＋墙面柜］

电视墙［米黄大理石 + 定制展示柜］

电视墙［石膏板造型 + 墙纸］

电视墙［砂岩浮雕砖 + 啡网纹大理石收口］

电视墙［艺术墙砖 + 米白色墙砖拉槽］

电视墙［墙纸 + 乳白色烤漆玻璃］

电视墙［洞石 + 装饰方柱］

电视墙［啡网纹大理石 + 灰镜 + 墙贴］

电视墙［雕花灰镜 + 马赛克铺贴地台］

电视墙［墙纸 + 银镜倒角］

电视墙［橡木饰面板 + 彩色乳胶漆］

电视墙［装饰搁架］

电视墙［洞石＋黑镜］

电视墙［橡木饰面板＋木线条间贴灰镜］

电视墙［大花白大理石＋茶镜倒角］

电视墙［墙纸＋米黄大理石＋茶镜］

电视墙［米黄大理石斜铺＋透光云石］

电视墙［墙纸＋银镜倒角＋帝龙板］

电视墙［洞石＋银镜雕花＋橡木饰面板］

电视墙［玉石大理石＋密度板雕花刷白］

电视墙［杉木板造型套色＋彩色乳胶漆］

电视墙 [灰色墙砖倒角]

电视墙 [木搁板 + 悬挂电视柜 + 彩色乳胶漆]

木地板铺贴电视墙

木地板本身是用作铺贴地面的，一般都有凹凸槽，所以用来装饰电视墙的时候就会产生接缝或者不卡口的问题。建议在施工时最好先铺贴一层木工板打底，使墙面平整以后再用胶水把地板粘在上面。此外，地板也可以拼贴成各种图案。

电视墙 [墙纸 + 木饰面板]

电视墙 [大花白大理石 + 墙纸]

电视墙 [米黄大理石 + 茶镜 + 木线条密排]

电视墙 [墙纸 + 石膏板镂空造型]

电视墙 [洞石 + 黑镜雕花]

电视墙 [墙纸 + 密度板雕花刷白]

电视墙 [皮纹砖 + 木饰面板]

电视墙 [米黄大理石 + 彩色乳胶漆]

电视墙 [石膏板造型嵌茶镜 + 墙纸]

电视墙 [黑白根大理石 + 木搁板]

电视墙 [布艺软包 + 雕花银镜]

电视墙 [墙纸 + 洞石 + 茶镜]

电视墙 [墙纸 + 仿马赛克墙砖]

电视墙 [大花白大理石 + 灰镜 + 墙纸]

电视墙 [布艺软包 + 装饰搁架]

电视墙 [布艺软包 + 木纹砖]

电视墙 [石膏板造型嵌黑镜]

电视墙［生态木］

电视墙［米黄大理石 + 装饰壁龛］

电视墙［彩色乳胶漆 + 木线条装饰框］

电视墙［黑胡桃木饰面板 + 波浪板］

电视墙［墙纸 + 石膏板造型］

电视墙［大花白大理石 + 黑镜］

电视墙［木线条造型刷白 + 茶镜］

电视墙［墙纸］

电视墙［艺术墙砖 + 啡网纹大理石 + 雕花灰镜］

电视墙［木地板上墙 + 装饰壁龛］

电视墙［石膏板造型 + 墙纸 + 木线条密排］

电视墙［墙贴 + 木线条密排］

电视墙［木饰面板 + 银镜］

电视墙［墙纸 + 皮质硬包］

电视墙［墙纸 + 入墙式展示柜］

电视墙［啡网纹大理石 + 钢化清玻璃］

电视墙［米白墙砖斜铺 + 陶瓷马赛克］

电视墙［米黄色墙砖拉槽 + 木纹砖］

电视墙［墙纸 + 装饰方柱间贴茶镜］

电视墙［大花白大理石 + 墙纸］

电视墙 [布艺软包]

电视墙 [墙纸 + 装饰搁架]

电视墙 [米黄色墙砖 + 密度板雕花刷白贴银镜]

电视墙 [密度板雕花刷白]

电视墙 [石膏板造型 + 木搁板 + 墙纸]

电视墙 [橡木饰面板 + 灰镜]

电视墙 [墙纸 + 定制展示柜]

电视墙 [布艺软包]

电视墙 [硅藻泥]

电视墙 [枫木饰面板]

电视墙 [米白色墙砖 + 入墙式展示架]